Dorothea Faller, Kurt Faller

Innerbetriebliche Wirtschaftsmediation

Strategien und Methoden für eine bessere Kommunikation

Praxishandbuch

Wolfgang Metzner Verlag

Redaktion Jürgen Heim, Berlin

Gestaltungskonzept Farnschläder & Mahlstedt, Hamburg
Umschlagabbildung, Grafiken Mediation und Gruppen-
mediation Elisabeth Trubel, Rheine
Druck und Einband Kösel, Altusried-Krugzell
Printed in Germany
ISBN 978-3-943951-14-1

Bibliografische Information der Deutschen Bibliothek
Die Deutsche Bibliothek verzeichnet diese Publikation in der
Deutschen Nationalbibliografie; detaillierte bibliografische
Daten sind im Internet über http://dnb.d-nb.de abrufbar.

Inhalt

Einleitung

Konflikte im beruflichen Alltag sind normal. Unterschiedliche Interessen, Missverständnisse, ungeklärte Rollen und Schnittstellen sowie ungewohnte Anforderungen führen zu konflikthaften Situationen, die den Arbeitsprozess belasten. Daraus entstehen oft hohe Konfliktkosten und Belastungen für das Arbeitsklima.

- »10 bis 15 Prozent der Arbeitszeit in jedem Unternehmen werden für die Konfliktbearbeitung verwandt« und
- »30 bis 50 Prozent der wöchentlichen Arbeitszeit von Führungskräften werden direkt oder indirekt mit Reibungsverlusten, Konflikten oder Konfliktfolgen verbracht.«

lauten die Ergebnisse der Konfliktkostenstudie der KPMG AG Wirtschaftsprüfungsgesellschaft aus dem Jahre 2009. *(KPMG AG 2009: 20)*

Das Entstehen von Konflikten können wir meist nicht beeinflussen. Sehr wohl aber, wie wir Konflikte erkennen und sie bearbeiten.

> »Nicht der Konflikt ist das Problem,
> sondern die Art und Weise, wie wir damit umgehen.«

Die Mediation bietet neue Chancen für Unternehmen und Organisationen, ihre Fähigkeiten zur Problemlösung weiterzuentwickeln. Die innerbetriebliche Wirtschaftsmediation stärkt die Konfliktfähigkeit der Beschäftigten und die Konfliktregelungskompetenz der Führungskräfte, Personalverantwortlichen und Betriebsräte. Sie schafft Grundlagen für die Konfliktfestigkeit einer Organisation.

Die Konfliktbearbeitung in Unternehmen ist ein sensibles Feld. Sie hat Einfluss auf Strukturen und Abläufe, berührt Verantwortlichkeiten und Machtpositionen. Führungskräfte wollen und können die Verantwortung für diese Prozesse nicht aus der Hand geben.

Das in diesem Buch vorgelegte Konzept der Wirtschaftsmediation betrachtet die innerbetriebliche Konfliktbearbeitung als eine Gemeinschaftsleistung von internen Verantwortlichen und externen Mediatoren. Grundlage ist eine Kooperation, die den internen Verantwortlichen die Kontrolle über den Prozess der Konfliktbearbeitung sichert.

Zugleich ermöglicht sie den externen Mediatoren, eine »helfende Haltung« gegenüber Personen und Unternehmen einzunehmen.

Effektive Konfliktbearbeitung ist ein Aushandlungsprozess in der Triade:

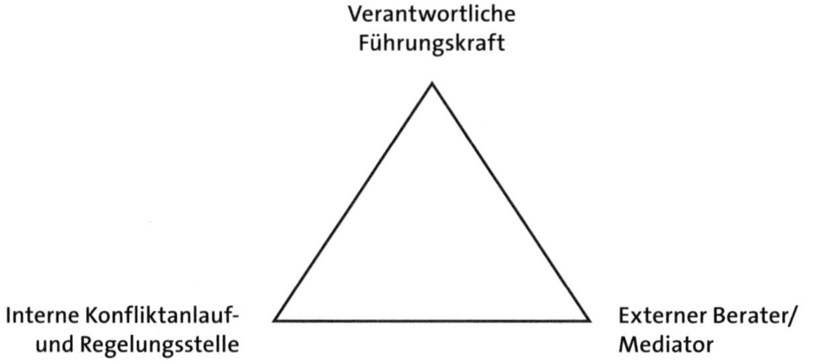

Abb. 1 Triade der Konfliktbearbeitung

Jede dieser drei Gruppen hat eine bestimmte Rolle in der
- Planung,
- Durchführung und
- Auswertung

der Konfliktbearbeitung.

Ein Bearbeitungsprozess auf Augenhöhe ist dann möglich, wenn es ein gemeinsames Verständnis der Mediation, der möglichen Verfahrensweisen und anzuwendenden Techniken gibt. Die Autoren bieten auf dem Hintergrund langjähriger Erfahrungen in Praxis und Lehre einen Entwurf für ein derart gemeinsames Verständnis.

Mit diesem Buch wenden sich die Autoren vor allem
- an Führungskräfte in Unternehmen, die Konflikte in ihrem Verantwortungsbereich konstruktiv und nachhaltig klären wollen,
- an Personalverantwortliche, die den Rahmen der bisherigen Konfliktregelung erweitern wollen,
- an Betriebs- und Personalräte, die ihre Führungskräfte und Mitarbeiter bei der Bewältigung von Konflikten begleiten wollen,
- an freiberufliche Mediatoren, die ihre Dienstleistung im Bereich der innerbetrieblichen Konfliktbearbeitung anbieten wollen, und
- Studierende und beruflich an Wirtschafts- und Managementfragen Interessierte, die neue Strategien und Methoden der Konfliktlösung kennenlernen wollen.

Im Kapitel 1 werden die veränderten Rahmenbedingungen für Unternehmen und die Notwendigkeit neuer Handlungsformen und Kompetenzen beschrieben.

Im Kapitel 2 geht es darum, ein gemeinsames Verständnis der Grundlagen und Verfahren der innerbetrieblichen Konfliktbearbeitung zu schaffen, um gut zusammenarbeiten zu können.

Im Kapitel 3 werden an konkreten Beispielen die Arbeiten der Vorphase der innerbetrieblichen Konfliktbearbeitung –

- eine kooperative Auftragsgestaltung,
- eine transparente Erarbeitung des Settings der Konfliktregelung und
- eine verbindliche Vertragsgestaltung –

dargestellt.

Im Kapitel 4 bis 7 werden verschiedene Herangehensweisen und Techniken beschrieben, die für die Bearbeitung unterschiedlicher innerbetrieblicher Konfliktlagen sinnvoll sind. Dies wird an konkreten Falldarstellungen und Beispielen verdeutlicht.

Im Kapitel 8 werden Hinweise für Konfliktmanagement und Führung gegeben, um die Ergebnisse der Konfliktbearbeitung in Struktur und Abläufen zu verankern.

Aus Gründen der besseren Lesbarkeit wird im Text die männliche Form benutzt und von der Führungskraft, der Konfliktanlaufstelle, dem Mediator usw. gesprochen. Selbstverständlich sind hier alle weiblichen Rollenträgerinnen eingeschlossen.

Kapitel 1. Unternehmenswandel und Mediation

Mit der Wirtschaftsmediation etabliert sich in den letzten Jahren ein weiteres Beratungsangebot für Unternehmen und Organisationen für den sensiblen Bereich der Konfliktregelung. Das hängt vor allem damit zusammen, dass in Zeiten hoher Unsicherheit und Komplexität die Konflikte und damit auch die Konfliktkosten zunehmen. Führungskräfte in Unternehmen stehen vor dem Problem, dass für viele wichtige Entscheidungen nicht klar ist, was »richtig« oder »falsch« ist.

Der Soziologe Ulrich Beck hat dies folgendermaßen ausgedrückt:

> »Im Übergang zu einer anderen, reflexiven Moderne stehen die Institutionen ... vor der Herausforderung, eine neue Handlungs- und Entscheidungslogik zu entwickeln, die nicht mehr dem Prinzip des ›Entweder-Oder‹, sondern dem Prinzip des ›Sowohl-als-Auch‹ folgt. Entscheidungen bedürfen neuer Begründungen und Verfahren.«
> *(Beck 2004: 16)*

In dieser Situation haben viele bisher übliche Formen der Konfliktregelung an Wirksamkeit verloren. Gerichtliche Klärungen sind oft zu langwierig und kostenintensiv. Mediationsverfahren bieten neue Alternativen zur Konfliktbearbeitung. Am 28.06.2012 verabschiedete der Bundestag das »Gesetz zur Förderung der Mediation und anderer Formen der außergerichtlichen Konfliktbeilegung«. Das Mediationsgesetz hat die Standards und rechtlichen Rahmenbedingungen für die weitere Anwendung der Wirtschaftsmediation in Unternehmen, Verwaltungen und Organisationen im Bereich sozialer Dienstleistungen geschaffen.

1.1 Veränderte Rahmenbedingungen für Unternehmen

»Zeiten des Übergangs sind Zeiten der Mediation« schreibt der Schweizer Mediator Joseph Duss-von Werth in seiner Darstellung der Geschichte der Mediation in Europa. *(Duss-von Werth 2005: 31)* Unternehmen, Ver-

waltungen und Institutionen der sozialen Dienstleistungen befinden sich in einem »Übergang« und einem ständigen Wandel. Die zunehmende Globalisierung, die gestiegenen Anforderungen auf Umweltverträglichkeit und nachhaltiges Wirtschaften, die internetbasierte Kommunikation mit all ihren Chancen und Risiken, die Turbulenzen an den Kapitalmärkten und die Überschuldung der Staatshaushalte sind Entwicklungen, auf die Unternehmen ständig reagieren müssen.

VUCA heißt das Kürzel, das zunehmend Eingang in Strategiedebatten in Unternehmen findet. *(Schumacher 2013: 180)* Die einzelnen Buchstaben stehen für

- V = Volatility
- U = Uncertainty
- C = Complexity
- A = Ambiguity.

Mit den Begriffen *Flüchtigkeit, Unsicherheit, Komplexität und Vieldeutigkeit* sind die Herausforderungen für Unternehmen gut umschrieben.

»Es ist heute praktisch nichts mehr so, wie es einmal war – und wenn es etwas gibt, das sich verlässlich vorhersagen lässt, dann dies: Es wird nie mehr so sein, wie es einmal war. Für viele Menschen aber – nicht nur in der Wirtschaft – hat sich die Veränderung zu schnell vollzogen. Manager und Führungskräfte sind plötzlich und zum Teil unerwartet vor ganz neue Aufgaben gestellt und diese Aufgaben erfordern zum Teil völlig neue Kenntnisse und Fähigkeiten« fassen Doppler/Lauterburg in ihrem Buch »Change Management« die Situation zusammen. *(Doppler/Lauterburg 2002: 36)*

1.2 Umgang mit Problemen und Konflikten

Längerfristig betrachtet wissen wir, dass Übergänge zu etwas Neuem führen und viele Chancen enthalten. In den Zeiten des Übergangs aber stehen die Probleme und Risiken im Vordergrund. Unsicherheit und Komplexität im Umfeld der Unternehmen bestimmen auch das Verhalten ihrer Führungskräfte und Mitarbeiter. Der steigende Arbeitsdruck und die ständigen Veränderungen in Strukturen und Abläufen schüren Ängste und führen zu Konflikten zwischen Mitarbeitern, Mitarbeitern und Führungskräften sowie in Teams und Arbeitsgruppen. Es kommt zu Verzögerungen in den Arbeitsabläufen, Verschlechterungen in den Arbeitsbeziehungen, Krankheiten und zusätzlichen Ausfällen. Die daraus resultierenden Konfliktkosten führen in vielen Unternehmen zu einer erheblichen Wertvernichtung.

Nach der Konfliktkostenstudie der KPMG AG Wirtschaftsprüfungsgesellschaft belasten Fehlzeiten, Fluktuationskosten, Abfindungszahlungen und Krankheitskosten wegen innerbetrieblicher Konflikte die Unternehmen jährlich mit mehreren Milliarden Euro. Gleichzeitig führt die Zunahme von Konflikten am Arbeitsplatz zu einer Überlastung der Führungskräfte. *»30–50 Prozent der wöchentlichen Arbeitszeit von Führungskräften werden direkt oder indirekt mit Reibungsverlusten, Konflikten oder Konfliktfolgen verbracht.«* stellt die KPMG-Studie fest. *(KPMG 2009: 20)* In vielen Fällen wird dieses Dilemma noch dadurch verstärkt, dass für jedes Problem zusätzliche Betriebsanweisungen und Regelwerke entwickelt werden. Diese Tendenz zur Überregulierung bringt selten mehr Sicherheit, sondern führt oftmals zu neuen Problemen und Belastungen. Die zunehmende Formalisierung und juristische Absicherung der Kommunikation am Arbeitsplatz stellen auch klassische Konfliktanlaufstellen im Betrieb vor neue Probleme. Die späte Erfassung von Konflikten und formalisierte Verfahren behindert zunehmend eine flexible Lösungssuche.

1.3 Neue Kompetenzen

Immer deutlicher zeichnet sich ab, dass die Problemlösungsfähigkeit von Unternehmen der entscheidende Faktor für ihr Überleben im Markt und für die Sicherheit der Arbeitsplätze ist. Mitarbeiter und Führungskräfte brauchen ein höheres Maß an sozialer Kompetenz, um sich in unsicheren Zeiten und unübersichtlichen Situationen orientieren zu können. Dies gilt besonders für Führungskräfte.

Peter F. Drucker, einer der Begründer der Organisationsentwicklung, sagte dazu:

> »Sie müssen lernen, mit Situationen zurechtzukommen, in denen sie nichts befehlen können, in denen sie selbst weder kontrolliert werden noch Kontrolle ausüben können. Das ist die elementare Veränderung. Wo es ehedem um eine Kombination von Rang und Macht ging, wird es in Zukunft Verhältnisse wechselseitiger Übereinkunft und Verantwortung geben.« *(Zitiert nach Doppler/Lauterburg 2000: 73/74)*

Oder anders ausgedrückt: Um die Zukunft der Organisation zu sichern, brauchen wir auf allen Hierarchieebenen eines Unternehmens mehr soziale Kompetenz. Die sogenannten weichen Faktoren –

- persönliche Haltung,
- Kommunikation,
- Verhandlungs- und Vermittlungskompetenz,
- Feedback –

werden zunehmend die wirklich harten Faktoren. Klaus Doppler spricht weiter von der

- Prozesskompetenz, als der »*Fähigkeit, Informationsprozesse, Entscheidungsvorgänge und Arbeitsschritte sorgfältig auf das Aufnahmevermögen und die Lernkurve von Menschen und Gruppen abzustimmen.*« und von der sog.
- Chaos-Kompetenz, als der »*Fähigkeit, in akuten Konflikt- und Krisensituationen, wenn alles drunter und drüber geht, ruhig Blut zu bewahren und handlungsfähig zu bleiben ... gut zuzuhören und auf Menschen einzugehen ... und mit Urvertrauen in die Selbststeuerungsfähigkeit von Menschen und Gruppen ... dem intuitiven Wissen, dass die«chaotische»Situation nicht ein sinn- und willenloses Durcheinander darstellt, sondern lediglich einen Grad der Komplexität aufweist, der sich im Moment unserer Bewältigung entzieht.*« *(Doppler/Lauterburg 2002: 72)*

Der US-Amerikaner Karl E. Weick verstärkt diese Forderung nach neuen Kompetenzen in seinem Konzept eines »*achtsamen Managements*«. Im Zentrum steht dabei die Forderung nach einer hohen Sensibilität für Abläufe und Beziehungen. Denn ob und welche Informationen unten an der Basis gehört und nach oben an die Managementebene gegeben werden, hängt vor allem von der Qualität der Beziehungen ab. »*Wenn Manager nicht untersuchen wollen, was zwischen den Menschen in ihren Unternehmen vor sich geht, werden sie nie verstehen, was in diesen Menschen vorgeht.*« *(Weick/Sutcliffe 2007: 26)*

Eine wertschätzende Kommunikation und Vertrauen in interessensorientierte Verfahren – all diese Kompetenzen können Mitarbeiter und Führungskräfte in Organisationen durch die Beschäftigung mit Mediation erlernen und vertiefen.

Diese Ansätze repräsentieren ein neues Denken zu den Themen Management, Führung und Veränderungsprozesse, das getragen ist von einer gewissen Demut, von Respekt vor der Komplexität und Unwägbarkeit gesellschaftlicher und wirtschaftlicher Prozesse und von der

Wertschätzung gegenüber Mitarbeitern und Kunden. Diese reflektierte, auf Nachhaltigkeit bedachte Herangehensweise ist sehr gut mit den Haltungen und Arbeitsweisen der Wirtschaftsmediation zu verbinden.

1.4 Drei Felder der Wirtschaftsmediation

Mediation ist – wie das Mediationsgesetz definiert – »ein vertrauliches und strukturiertes Verfahren, bei dem Parteien mithilfe eines oder mehrerer Mediatoren freiwillig und eigenverantwortlich eine einvernehmliche Beilegung ihres Konflikts anstreben.«

Mit der Verabschiedung des Mediationsgesetzes im Deutschen Bundestag am 28.06.2012 wurde die 25-jährige Pionier- und Entwicklungsphase der Mediation in Deutschland abgeschlossen und Mediation als anerkannte Beratungsdisziplin etabliert.

Die Wurzeln der Mediation reichen allerdings viel weiter zurück. Der Grundsatz, dass in sozialen Gemeinschaften eine dritte Person die Konfliktparteien unterstützen kann, ist in allen Kulturen zu finden und in den alten Stammeskulturen in Afrika, Asien und Lateinamerika fest verankert. Auch in der europäischen Geschichte hat die Mediation eine bedeutsame Rolle gespielt. So wurde am 26. Oktober 1648 in Münster der Westfälische Frieden geschlossen, der den verheerenden Dreißigjährigen Krieg beendete. In der Präambel des Friedensvertrages heißt es, der Friede sei möglich geworden

»durch die Intervention und das Werk des berühmten und ausgezeichneten Legaten und Senators aus Venedig, des Herrn und Ritters Aloyisius Contarini, der den Auftrag des Mediators unabhängig von den Begehrlichkeiten der Parteien während beinahe fünf Jahren unverdrossen erfüllt hat.« *(Duss-von Werdt 2005: 33)*

Die heutige Form der Mediation entwickelte sich in den 60er Jahren des letzten Jahrhunderts in den USA. In den 80er Jahren wurden diese Erfahrungen auch in Europa aufgenommen. In den 90er Jahren entstanden Fachverbände und systematische Ausbildungen für Mediatorinnen und Mediatoren. Im Jahre 2003 hat Österreich als eines der ersten europäischen Länder ein Zivilmediationsgesetz verabschiedet. 2008 verpflichtete eine EU-Richtlinie alle Mitgliedsländer der EU, die rechtlichen Rahmenbedingungen für die Mediation zu schaffen.

Damit wurde der allgemeine Rahmen für die Anwendung von Mediationsverfahren in unterschiedlichen Arbeitsfeldern geschaffen. Es entwickelten sich beispielsweise spezielle Arbeitsformen in der Familienmediation, der gerichtsnahen Mediation, der Schulmediation, der Mediation im öffentlichen Bereich und der Wirtschaftsmediation. Innerhalb des allgemeinen, gesetzlichen Rahmens werden die konkreten Formen der Mediation durch den Kontext der jeweiligen Anwendungsbereiche bestimmt. In der Wirtschaftsmediation bestimmt sich der Kontext aus dem wirtschaftlichen Handeln sowie aus der Unternehmenskultur, den Strukturen und Abläufen in den Organisationen.

In den letzten Jahren haben sich drei Arbeitsfelder in der Wirtschaftsmediation zu eigenständigen Beratungsangeboten entwickelt.

1. Die **Wirtschaftsmediation** als Alternative zu Gerichts- und Schlichtungsverfahren bei Vertragsverletzungen, Verhandlungen bei Kauf, Verkauf und Übernahmen von Unternehmen. Diese Form der Mediation zwischen Unternehmen (B2B-Business to Business) ist eng verbunden mit juristischen Fragen und Überlegungen zur Vertragsgestaltung. Auch Rechtschutzversicherungen bieten zunehmend mediative Formen der Schadensregulierung an. In diesen Bereichen sind vor allem MediatorInnen mit juristischen Kompetenzen gefragt.
2. Ganz andere Schwerpunkte setzt die **Wirtschaftsmediation in der innerbetrieblichen Konfliktbearbeitung.** Hier geht es um Konflikte am Arbeitsplatz, im Team, um Fragen der Führung und um Probleme in Veränderungsprozessen. Im Vordergrund stehen Fragen der Unternehmenskultur, der Organisationsstruktur, der betrieblichen Abläufe und des Managements. Für den Wirtschaftsmediator im innerbetrieblichen Bereich sind daher Kenntnisse in Organisationswissenschaften, Managementkonzepten und Gruppendynamik sinnvoll. Auf dieses Arbeitsfeld der innerbetrieblichen Wirtschaftsmediation konzentriert sich die vorliegende Arbeit.
3. Als eine Weiterentwicklung der innerbetrieblichen Wirtschaftsmediation hat sich inzwischen **Systemdesign** als ein eigenständiges Arbeitsfeld etabliert. Unter Systemdesign ist die Entwicklung von innerbetrieblichen Konfliktmanagementsystemen in Theorie und Praxis zu verstehen. Grundlage dieses Arbeitsfeldes ist die enge Verbindung von Mediation und Organisationsentwicklung.

1.5 Innerbetriebliche Wirtschaftsmediation als Beratungsdisziplin

Die innerbetriebliche Wirtschaftsmediation hat sich als eigenständiges Beratungsangebot für Unternehmen und Organisationen etabliert. Allerdings zeigt die Praxis, dass eine Verankerung im Markt erst in Ansätzen zu erkennen ist.

Untersuchungen zur Anwendung der Wirtschaftsmediation *(z.B. Price Waterhouse Coopers und Europa-Universität Viadrina: 2005)* zeigen, dass trotz positiver und interessierter Diskussionen noch relativ wenige Mediationen in Unternehmen stattfinden. Dies hat unterschiedliche Gründe: So gibt es seit den 70er/80er Jahren des letzten Jahrhunderts unterschiedliche Beratungsangebote, die Unternehmen zur Bewältigung schwieriger Situationen oder Konflikte in Anspruch nehmen können.

Da sind auf der einen Seite die **Experten-Berater** der großen Beratungsfirmen, die umfangreiche Konzepte und Anleitungen zur Problemlösung des Kunden anbieten. Dies ist für den Kunden zunächst attraktiv, nimmt ihm aber auch die Kontrolle und Steuerung über Prozesse und oft die Möglichkeiten zur eigenen Gestaltung. Außerdem zeigt sich, dass viele der Konzepte, die eine innere Struktur der Unternehmen gravierend verändern, nicht den gewünschten Erfolg bringen, weil sie nicht gemeinsam mit den intern Zuständigen entlang der bestehenden Strukturen und Verfahren entwickelt wurden.

Den Ansatz, Probleme mit den Betroffenen so anzugehen, dass sie in einem Prozess selbst Lösungen entwickeln, setzen die sogenannten **Prozessberater** um. Ausgehend von den Ideen der amerikanischen Organisationsberater Peter Drucker, Edgar Schein, den Erfahrungen der Gruppendynamik und der systemischen Therapie entwickelte sich seit den 80er Jahren die systemische Organisationsberatung als Prozessberatung. In den Arbeiten von Peter Senge, Otto Scharmer, Rudi Wimmer, Klaus Doppler, Roswitha Königswieser, Fritz Glasl u. a. wurden viele Ideen, Konzepte, Verfahrensweisen und Instrumente entwickelt, um Unternehmen darin zu unterstützen, schwierige Situationen zu bewältigen und Konflikte zu lösen.

Wirtschaftsmediation als professionelle Beratungsdisziplin kann und muss an diese Konzepte anknüpfen, um als sinnvolles Angebot für Unternehmen wahrgenommen zu werden. Dies ist auch gut möglich, da der Gedanke der Mediation – als dritte Partei die Konfliktparteien zu unterstützen, selbst eine Lösung zu finden – mit der systemischen Grundhaltung dieser Organisationsberater übereinstimmt. Außerdem wurden im Feld der systemischen Organisationsberatung eine Fülle von Konzepten und konkreten Instrumenten entwickelt, die sehr hilfreich für die Mediation in Unternehmen und Organisationen sind.

Darüber hinaus ist Mediation noch zu unbekannt. Offensichtlich gibt es bei den verantwortlichen Personen in den Unternehmen noch viele Unklarheiten und Fragen über die konkreten Formen der Anwendung:

- Worin liegt der tatsächliche, längerfristige Nutzen?
- Wie können die Verantwortlichen in den Unternehmen die Kontrolle über den Prozess der Konfliktbearbeitung behalten?
- Welche Möglichkeiten der mediativen Konfliktbearbeitung gibt es?
- Wie werden die Ergebnisse für den Arbeitsprozess wirksam gemacht?

Auf diese Fragen müssen Wirtschaftsmediatorinnen und Wirtschaftsmediatoren überzeugende Antworten finden, um die innerbetriebliche Wirtschaftsmediation als eigenständige Beratungsdisziplin am Markt zu verankern.

1.6 Das Konzept der innerbetrieblichen Wirtschaftsmediation

Mediation ist eine dienende Disziplin. Ihr Ziel ist es, Unternehmen und Organisationen dabei zu unterstützen, Probleme zu lösen, die Kooperation in Teams und Arbeitsgruppen zu verbessern und Ergebnisse zu erzielen. Am Beginn der Etablierung der innerbetrieblichen Wirtschaftsmediation als eigenständige Beratungsdisziplin steht daher zunächst eine erhebliche Theorieanstrengung, um das neue Verfahrenselement der Mediation mit bestehenden Beratungsansätzen zu verbinden.

Das hier vorgestellte MEDIUS-Konzept der innerbetrieblichen Wirtschaftsmediation ist durch drei Schritte gekennzeichnet:

Der Schritt von der personenorientierten zur organisationsorientierten Mediation

Konflikte in Organisationen werden in der Regel als Konflikte zwischen Personen sichtbar. Im Arbeitsleben begegnen sich Personen jedoch unter besonderen Bedingungen. Grundlage ihrer Beziehung sind der Arbeitsvertrag mit dem Unternehmen und die Beschreibung ihrer

Rolle im Arbeitsablauf. Beziehungen im Arbeitsleben sind geprägt von Positionen, Qualifikationen, Berufsbildern und beruflicher Sozialisation. Sie werden stark beeinflusst durch die Entwicklung und Struktur des Unternehmens und seine Position am Markt.

Konflikte in Organisationen sind immer Störungen in den Arbeitsabläufen und Arbeitsbeziehungen. Die vorgegebenen Ziele werden nicht erreicht oder es kommt zu schwerwiegenden Fehlentwicklungen, deren Auswirkungen nicht nur die betroffenen Konfliktparteien, sondern alle im Unternehmen spüren. Durch Konflikte entstehen zum Teil erhebliche Kosten: Da Arbeitsprozesse kostenmäßig definiert sind, können auch die Konfliktkosten für Störungen in den Abläufen berechnet werden. Darüber hinaus sind Konflikte im Betrieb in der Regel die Ursache für Wertvernichtungen.

Konflikte sind immer auch ein Signal für die Organisation, dass etwas nicht stimmt, nicht mehr den aktuellen Bedingungen entspricht und anders gestaltet werden muss. Konflikte in Teams offenbaren häufig Unklarheiten in den Abläufen und Mängel in der Klärung der Schnittstellen; sie sind damit wichtige Indikatoren für Veränderungen.

Der Schritt vom klassischen Setting der Mediation zur systemischen Konfliktbearbeitung in Organisationen

Um Unternehmen dabei zu unterstützen, Probleme zu lösen, die Kooperation in den Teams zu verbessern und Prozesse flüssiger zu gestalten, ist es notwendig,

- eine adäquate Grundstruktur für das Verfahren der Konfliktbearbeitung und
- unterschiedliche, variabel einsetzbare Techniken zur Verfügung zu haben.

Auf dieser Grundlage ist es dann möglich – je nach Anlass, Zahl der Teilnehmer und Entwicklungsstand des Unternehmens – unterschiedliche Settings für die konkrete Konfliktbearbeitung zu entwickeln. Dies erfolgt immer unter einer doppelten Zielsetzung:

- Auf der einen Seite die Konfliktkosten zu senken und
- auf der anderen Seite Konflikte als Potenzial für Veränderungen zu nutzen.

Der Schritt von der Konfliktbearbeitung zum Konfliktmanagement in Organisationen

Die vielfältigen Veränderungen in Unternehmen führen zu einer signifikanten Zunahme an innerbetrieblichen Auseinandersetzungen. Reibungsverluste nehmen zu, ebenso der Aufwand für Konfliktbewältigungen. So müssen Führungskräfte zunehmend Zeit für die Bearbeitung von Konflikten einsetzen.

Komplexe Konfliktlagen führen oft zu einer Überforderung der klassischen Konfliktanlaufstellen (Personalmanagement, Betriebsrat, Rechtsabteilung). Jede dieser Anlaufstellen hat ihre bewährten Herangehensweisen bei der Regelung von definierten und eindeutigen Situationen. Wenn die Dinge aber nicht so klar sind, mit der Gegenseite kooperiert und verhandelt werden muss oder die Zeit drängt, reichen die bisherigen Verfahren und Kompetenzen oft nicht aus. Notwendig ist ein verabredetes Konfliktmanagement. Damit in Organisationen eine »Konfliktfestigkeit« entsteht, sind sinnvollerweise Konfliktmanagementsysteme zu etablieren

- mit Instrumenten zur Früherkennung und Vermeidung von Konflikten,
- mit Strukturen zur möglichst niedrigschwelligen, effektiven Konfliktbearbeitung und
- mit Verfahren, in denen Informationen über die strukturellen Ursachen von Konflikten in Veränderungsprozesse umgesetzt werden können.

1.7 Fallbeispiel »Unerwartete Wendung«

Die Vorgespräche ließen nichts Gutes erahnen.
Die Abteilungsleiter in einem Metallbetrieb waren voller Verbitterung und Enttäuschung über den neuen Produktionsleiter. Man habe ja schon nichts Gutes von den Kollegen aus seinem früheren Betrieb gehört. Er sei eigenbrötlerisch, treffe einsame Entscheidungen, hänge sich an Kleinigkeiten auf, sehe überall Fehler und erlasse Anweisungen statt mit den Leuten zu reden. In den Sitzungen des Management-Teams sage er oft über lange Strecken gar nichts, um dann Entscheidungen zu treffen, die keiner nachvollziehen könne. Deshalb habe man sich bei der Geschäftsführung beschwert.
Der Produktionsleiter meinte, er konnte die Unzufriedenheit spüren, ver-

stand sie aber nicht. Er habe diese Aufgabe vor einem halben Jahr übernommen und gleich erkannt, dass in diesem Betrieb wohl über längere Zeit ein gewisser Schlendrian eingerissen sei: Sicherheitsvorschriften würden zum Teil sehr großzügig ausgelegt und die Abteilungsleiter beklagten sich zwar darüber, unternahmen aber wenig. Er habe die Haltung, die Situation erst mal genauer zu betrachten und dann einzuschreiten. Aber manche Dinge müssten jetzt schon verändert werden.
Der Geschäftsführer, der den Mediator beauftragt hatte, gab zu verstehen, er habe den Produktionsleiter eingesetzt, um Ordnung in den Betrieb und mehr Konsequenz in die Führungsarbeit zu bringen. Er sei irritiert und enttäuscht, dass der Produktionsleiter in so kurzer Zeit praktisch die ganze Führungsmannschaft gegen sich aufgebracht habe. Trotz dieser Bedenken halte er die Entscheidung für den Produktionsleiter, Herrn P., für richtig. Er habe sich nun der Empfehlung des Personalchefs für eine Mediation angeschlossen und erhoffe sich eine Verbesserung des Umgangs im Führungsteam.
Er war mit dem Vorschlag des Mediators einverstanden, erst einmal ein Klärungsgespräch zwischen Herr P. und dem stellvertretenden Produktionsleiter, Herrn S. zu führen. Danach folgte ein Gespräch mit den beiden Produktionsleitern, dem Geschäftsführer und dem Personalchef zur Vorbereitung einer Klausurtagung mit dem gesamten Führungsteam. Dazu führte der Mediator mit jedem Mitglied des Führungsteams ein Vorgespräch.
Zu Beginn der zweitägigen Klausurtagung überbrachte der Personalchef die Grüße des Geschäftsführers und betonte die Notwendigkeit einer besseren Kommunikation im Führungsteam, um die ehrgeizigen Produktionsziele erreichen zu können. Danach verließ er die Sitzung und kündigte an, abends zum gemeinsamen Essen wieder zu kommen.
Die Stimmung in Führungsteam, bestehend aus dem Produktionsleiter, seinem Stellvertreter und 5 Abteilungsleitern (2 Frauen, 3 Männer) war äußerst angespannt. Der Wirtschaftsmediator erläuterte zunächst den Rahmen und den Ablauf der Klausurtagung. Er bat die Beteiligten, aus ihrer persönlichen Sicht deutlich zu sagen, was sie von den beiden Tagen erwarten. Die Äußerungen waren zurückhaltend, aber auch interessiert, da sie noch nie an einem derartigen Verfahren teilgenommen hatten.
Der Mediator stellte in einer kurzen Präsentation die Ergebnisse der Vorgespräche dar. Für das weitere Vorgehen wählte er die Technik der Teamkonfliktmoderation, verstärkt durch ein Gruppenfeedback. Er führte mit jeder Person im Beisein des Teams ein Gespräch zu den genannten Themen und bat die anderen, sich zu den Aspekten »das war neu« »dazu muss ich unbedingt etwas sagen« und »darüber könnte man verhandeln« Notizen zu machen.

Nach jedem Gespräch bat der Mediator die anderen Mitglieder des Führungsteams der Person in zwei Durchgängen Feedback zu geben. In der ersten Runde auf die Frage: »was macht Frau/Herr ... in der Arbeit besonders gut?« Dabei unterband der Mediator jegliche Ansätze zu »aber« und einschränkenden oder relativierenden Bemerkungen. In der zweiten Runde wurden nach der Frage »Was würde ich mir von Dir wünschen, um besser mit Dir zusammen arbeiten zu können?« kritische Aspekte geäußert. Dabei wurde den Beteiligten deutlich, dass sie durch die Möglichkeit, im Gespräch mit einer neutralen Person ihre Einstellung ausführlich darlegen zu können und die positiven Kommentare der Kollegen zu hören, viel offener und nachdenklicher auf kritische Aussagen reagieren konnten. Überraschend für alle waren die äußerst offen geäußerte selbstkritische Position des Produktionsleiters und die deutlich veränderte Haltung des stellvertretenden Produktionsleiters. All dies führte dazu, dass sich die Stimmung in der Gruppe zunehmend entspannte. Nachdem die wesentlichen Klärungspunkte in einer Agenda für den nächsten Tag zusammengefasst wurden, war die Erleichterung groß. Diese Veränderung in der Gruppe nahm der Personalchef beim gemeinsamen Abendessen mit Erstaunen zur Kenntnis.
Am nächsten Tag wurden die einzelnen Punkte bearbeitet und in den meisten Fällen befriedigende Lösungen gefunden. In einer ausführlichen abschließenden Reflexion äußerten die Teilnehmer ihre Freude über diese unerwartete Veränderung im Umgang miteinander und die Hoffnung, dass sich jetzt auch das Klima in ihrem Führungsteam nachhaltig verändern würde.
Nach einem einjährigen monatlichen Coaching der beiden Produktionsleiter und einer weiteren Klausurtagung wurde der Prozess erfolgreich abgeschlossen. Der Produktionsleiter wurde in seiner Rolle akzeptiert und die notwendigen Veränderungen wurden gemeinsam umgesetzt.

Diese Mediation war erfolgreich, weil die beteiligten Führungskräfte von Beginn an selbst nach Möglichkeiten gesucht hatten, den Konflikt zu klären. Sie gingen bereitwillig auf den Weg ein, den ihnen der Mediator aufzeigte. Entscheidend war, dass sich der Mediator in der Sache zurückhielt und nur auf die Moderation des Prozesses konzentrierte. Dies war für sie ein guter Rahmen und das Verfahren ermöglichte ihnen, selbst zu einer Lösung zu kommen. In diesem Unternehmen wurde in der Folge häufiger Mediation zur Regelung von innerbetrieblichen Konflikten eingesetzt.

Kapitel 2. Grundlagen der systemischen Wirtschaftsmediation

2.1 Mediation und Organisationsentwicklung

Systemische Wirtschaftsmediation ist immer Mediation im Kontext. Dies gilt für den Konflikt und die Konfliktbearbeitung. Bei einem Konflikt am Arbeitsplatz geht es nie ausschließlich um die unmittelbar betroffenen Personen und die offen angesprochenen Themen. Immer geht es auch um indirekt betroffene oder auch nur zuschauende Personen, die mit den streitenden Parteien verbunden sind, sowie um Status- und Machtfragen. Der im Beispielfall dargestellte Konflikt gewinnt seine Dynamik, weil es um die Funktion des neuen Produktionsleiters geht. Die Mitarbeitenden hatten ein klares Bild dieser Rolle, das von dem bisherigen Produktionsleiter und den bisherigen Umgangsformen in den Arbeitsgruppen geprägt war. Die ersten Interventionen des neuen Produktionsleiters verletzten dieses Bild und mobilisierten Ängste und Ablehnung. In der Mediation – hier in Form einer Teamkonfliktmoderation – konnten beide Seiten die Wünsche und Interessen der anderen Seite verstehen und den Konflikt klären. Die Mediation war aber auch deshalb erfolgreich, weil das Ergebnis die Position des neuen Produktionsleiters stärkte und wieder Ruhe in den Arbeitsprozess brachte.

Die Mediation ist neben der direkten Konfliktregelung überdies immer eine Intervention in das System der Organisation. Innerbetriebliche Konfliktbearbeitung ist daher auch ein Element der Organisationsentwicklung. Und der Wirtschaftsmediator ist Mediator und Organisationsberater zugleich. Diese Verbindung ist dann gut möglich, wenn die unterschiedlichen Konzepte und Herangehensweisen von einer gemeinsamen Grundhaltung ausgehen. Die Grundhaltung der Mediation, den Konfliktparteien ein Verfahren anzubieten, das ihnen die Chance gibt, selbst eine Lösung zu finden, ist nahezu deckungsgleich mit der Haltung in der systemischen Organisationsberatung.

»Die systemische Organisationsberatung versteht ihr beraterisches Vorgehen als eine Intervention in ein komplexes soziales System und zielt darauf ab, sowohl das Lösungswissen und das Selbstentwicklungspotential der jeweiligen Organisation zu mobilisieren als auch dysfunktionale Kommunikations-und Kooperationsmuster zu bearbeiten. Im Mittelpunkt steht dabei die Entwicklung von Entscheidungs- und Handlungsmöglichkeiten, über welche die Organisation prinzipiell verfügt, die sie aber noch nicht genutzt hat.« *(Schumacher 2013: 12)*

2.1.1 Der Aufbau einer helfenden Beziehung

Um in Organisationen bei der Bewältigung von schwierigen Situationen hilfreich zu sein, sollte der systemische Wirtschaftsmediator sich darüber klar sein, dass er nichts oder nur sehr wenig über das System weiß, in dem er jetzt eine wichtige Rolle übernimmt. Je früher er deutlich macht, dass die Mediation eine dienende Disziplin ist und dass der Mediator mit Achtung und Respekt an seine Aufgabe herangeht, desto besser kann ein Klima der gemeinsamen Verantwortung für die Lösung des Konflikts entstehen. E. Schein, einer der Begründer der systemischen Organisationsberatung hat in seinem Buch *»Prozessberatung für die Organisation der Zukunft«* zehn Punkte für die helfende Haltung des Beraters benannt, die auch für den Wirtschaftsmediator wichtig sind. *(Schein 2003: 298ff.)*

Erstes Prinzip · Versuche stets zu helfen

Beratung bedeutet zu helfen. Es versteht sich von selbst, dass ich ohne die Bereitschaft, zu helfen und daran zu arbeiten, wohl keine helfende Beziehung herstellen kann. Jeder Kontakt sollte, soweit möglich, als hilfreich wahrgenommen werden.

Zweites Prinzip · Verliere nie den Bezug zu der aktuellen Realität

Ich kann nicht helfen, wenn ich mir nicht über die Realität im Klaren bin, d.h. darüber, was in mir und im System des Kunden vorgeht. Daher sollte jeder Kontakt zu jedem Angehörigen des Kundensystems sowohl für den Kunden als auch für mich weitere Informationen liefern zur Diagnose des aktuellen Standes des Kundensystems und zu der Beziehung zwischen dem Kunden und mir.

Drittes Prinzip · Setze dein Nichtwissen ein

Ich kann meine innere Realität nur entdecken, wenn ich zu unterscheiden lerne zwischen dem, was ich weiß, dem, was ich zu wissen glaube, und dem, was ich wirklich nicht weiß. Ich kann nicht entscheiden, was die aktuelle Wirklichkeit ist, wenn ich spüre, was mir über die Situation nicht bekannt ist, und ich nicht so weise bin, mich danach zu erkundigen.

Viertes Prinzip · Alles, was du tust, ist eine Intervention

So wie jede Interaktion diagnostische Informationen liefert, so birgt jede Interaktion Konsequenzen für den Kunden und für mich. Daher muss ich für alles, was ich tue, Verantwortung übernehmen und die Konsequenzen durchdenken, um sicherzugehen, dass sie meinem Ziel dienen, eine helfende Beziehung aufzubauen.

Fünftes Prinzip · Das Problem und seine Lösung gehören dem Kunden

Meine Aufgabe ist es, eine Beziehung aufzubauen, in der der Kunde Hilfe findet. Es ist nicht meine Aufgabe, mir die Probleme des Kunden selbst aufzuladen, noch ist es meine Aufgabe, Rat und Lösungen für Situationen anzubieten, die ich nicht selbst durchlebe. Fakt ist, dass der Kunde mit den Folgen des Problems und der Lösung leben muss, ich ihm also nicht die Verantwortung dafür abnehmen kann.

Sechstes Prinzip · Geh mit dem Flow

Jedes Kundensystem entwickelt eine Kultur und versucht, seine Stabilität aufrechtzuerhalten, indem es an dieser Kultur festhält. Jeder Kunde entwickelt seine eigene Persönlichkeit und seinen Stil. Da mir diese kulturellen und individuellen Wirklichkeiten nicht von Anfang an bekannt sind, muss ich erst herausfinden, wo der Kunde motiviert ist und wo er bereit ist, sich zu ändern. In diesen Bereichen kann ich dann ansetzen.

Siebtes Prinzip · Das Timing ist entscheidend

Jede Intervention kann zu einem bestimmten Zeitpunkt greifen, zu einem anderen Zeitpunkt dagegen nicht. Daher muss ich ständig diagnostisch vorgehen und auf die Phasen achten, wann der Kunde ansprechbar zu sein scheint.

Achtes Prinzip · Sei konstruktiv opportunistisch und arbeite mit konfrontativen Interventionen

In allen Kundensystemen gibt es instabile und offene Bereiche, in denen eine Bereitschaft zur Veränderung vorhanden ist. Diese vorhandene Motivation und kulturelle Stärke gilt es zu finden und als Grundlage zu benutzen. Gleichzeitig müssen Gelegenheiten genutzt werden, neue Erkenntnisse und Alternativen vorzustellen. Zwar sollte man mit dem Flow gehen, dabei aber die Balance halten und auch gewisse Risiken bei seinen Interventionen eingehen.

Neuntes Prinzip · Alles liefert Daten; Fehler wird es immer geben, sie sind die wichtigste Quelle neuer Erkenntnisse

Wie sorgfältig ich auch die hier genannten Prinzipien beachte, ich werde dennoch das eine oder andere tun oder sagen, das zu unerwarteten und unerwünschten Reaktionen seitens des Kunden führt. Aus diesen muss ich lernen und um jeden Preis eine Abwehrhaltung, Scham- oder Schuldgefühle vermeiden. Ich kann nie genug über die Wirklichkeit des Kunden wissen, um Fehler vollkommen ausschließen zu können. Doch Fehler führen zu Reaktionen, aus denen ich wiederum sehr viel über die Wirklichkeit des Kunden lernen kann.

Zehntes Prinzip · Teile im Zweifelsfall das Problem mit anderen

Ich befinde mich oft in einer Situation, dass ich nicht weiß, was ich als nächstes tun soll, welche Art von Intervention angemessen ist. In solchen Situationen hilft es häufig, das Problem mit dem Kunden zu teilen und ihn in die Entscheidung über den nächsten Schritt einzubinden.

2.1.2 Triadisches Verstehen und Handeln

Das Dreieck ist die Grundfigur der Mediation. In der systemischen Therapie und Organisationsberatung sprechen wir von der Triade. *»Triadisches Denken verändert die Komplexität der zu verstehenden Sachverhalte: die Dimensionalität wird gesteigert, wenn an Stelle von dyadischen triadische Konstellationen wahrnehmbar werden und die Komplexität wird gleichzeitig reduziert, wenn ein vielschichtiger Sachverhalt auf eine Dreiecksstruktur reduziert wird«*, schreibt der Bremer Psychologe E. Tietel. *(Rieforth 2006: 64)* Es ist für die innerbetriebliche Konfliktbearbeitung und die systemische Organisationsberatung gleichermaßen hilfreich, in komplexen Prozessen immer wieder die Triade zu entdecken, also auf weitere, dritte Faktoren zu schauen.

Bei innerbetrieblichen Konflikten ist das Dritte, nämlich die zu bewältigende Arbeitsaufgabe, bei einer Auseinandersetzung zwischen zwei oder mehreren Personen immer mitzudenken. Die Frage nach der Arbeitsaufgabe erweitert für die Konfliktparteien den Horizont von einer eher personalen zu einer organisationsorientierten Sichtweise. Und die Einführung der Arbeitsaufgabe in die Konfliktbearbeitung reduziert gleichzeitig die Komplexität der vielfältigen Vorwürfe und Schuldzuweisungen und schafft eine Spur für die Lösungssuche. Den bewussten Einsatz eines Dritten in Klärungsprozessen nennen wir Triangulierung.

Der Mediator hat im oben genannten Fall eine klassische Form der Triangulierung eingesetzt, indem er die Frage nach der Zukunft gestellt hat: Was brauchen Sie, um gemeinsam die vor ihnen liegenden Aufgaben zu bewältigen?

Der Blick richtete sich nach vorne und nicht zurück. Damit lag der Schwerpunkt schon zu Beginn bei der Diskussion über die zu lösenden Aufgaben. Dies wurde noch verstärkt durch die Frage nach den Ressourcen, also den Dingen und Verhaltensweisen, die für die Bewältigung der Aufgaben förderlich und schon jetzt vorhanden sind.

Erst dann folgte die Frage nach den Problemen, die noch geklärt werden müssen, um die Aufgaben effektiv, mit besserer Kommunikation und in einem angenehmeren Arbeitsklima bewältigen zu können.

In der Organisationsberatung setzt Rudi Wimmer, einer der zentralen Wegbereiter der systemischen Organisationsberatung das triadische Denken in seinem Beratungskonzept um: Er spricht von der Beratung im 3. Modus. »*Das Wesen des 3. Modus – wie ich das nenne – ist, dass hier davon ausgegangen wird, dass das Kundensystem in allen drei Sinndimensionen betrachtet wird, die für eine Organisation letztlich prozessiert werden müssen – nämlich erstens in dem Aufgabenbezug, der Sachebene, zweitens in der Einbettung in unterschiedliche Zeithorizonte, die in sich widersprüchlich sind, und drittens in den sozialen Verhältnissen, d.h. dass bestimmte Personen, Gruppierungen, Bereiche miteinander in einer bestimmten Weise interagieren – und dass diese Dimensionen von den Akteuren in irgendeiner Weise in ihre Handlungen integriert werden.*« *(Schumacher 2013: 37)*

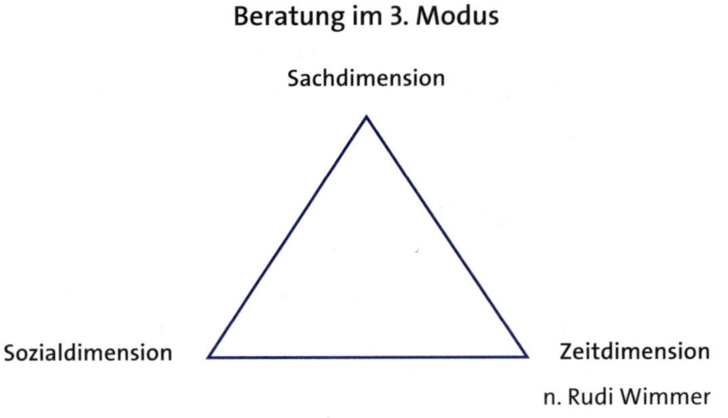

Abb. 2.1 Beratung im 3. Modus

Vor allem die Zeitdimension hat auch in der innerbetrieblichen Konfliktbearbeitung an Bedeutung gewonnen. In vielen Fällen gibt es für Bearbeitungen nur ganz bestimmte Zeitfenster. Es ist unabdingbar für den Wirtschaftsmediator, diese Zeitfenster zu erkunden und das Verfahren der Konfliktbearbeitung entsprechend zu gestalten.

2.1.3 Die Gruppe lesen – Systemische Betrachtung von Gruppen

In einer überschaubaren Zeit die Arbeitsfähigkeit wiederherstellen – das ist der Auftrag in der innerbetrieblichen Konfliktbearbeitung mit Arbeitsgruppen, Teams und Abteilungen. Arbeitsfähigkeit als Ziel und der Zeitfaktor bestimmen daher die Arbeit des Wirtschaftsmediators in der Vorphase. Dabei muss er mit der Erfahrung umgehen, dass die Dinge, die am Anfang geäußert werden, meist nur ein Teil des Problems sind. Um das Tempo, die Tiefe der Bearbeitung und die Auswahl der Techniken und Interventionen bestimmen zu können, muss er versuchen, die ablaufenden Prozesse zu verstehen und einzuordnen. Oder anders ausgedrückt: der Wirtschaftsmediator muss lernen, die Gruppe zu lesen. Dabei ist die systemische Grundregel wichtig, in der Arbeit mit Gruppen vor allem darauf zu achten, was zwischen den Personen läuft. Konkret haben wir es bei Konflikten in Gruppen mit der Triade – Personen – Arbeitsprozess – Strukturen – zu tun.

Triade in Gruppenkonflikten

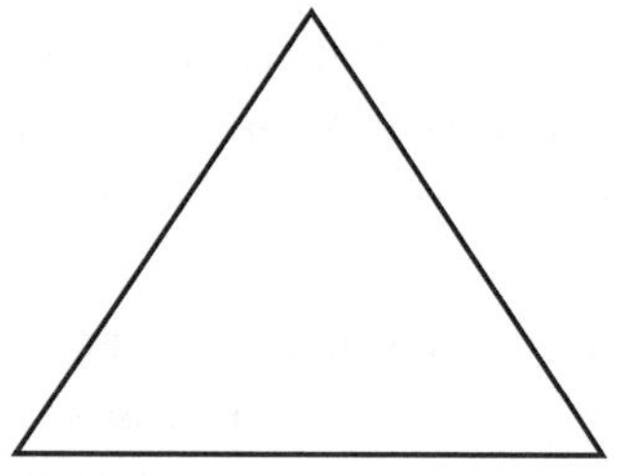

Abb. 2.2 Triade in Gruppenkonflikten

Dieser triadische Blick in einer Konfliktbearbeitung mit Gruppen hilft dem Mediator, einzelne Aussagen und Reaktionen verstehen und einordnen zu können. Er kann eher nachvollziehen, »aus welcher Ecke« ein Thema kommt und wo die Energie für eine Lösung liegen könnte. Dieser Blick auf das, was zwischen den Personen und zwischen den drei »Ecken« läuft, beschäftigt den Mediator im gesamten Prozess der Konfliktbearbeitung mit Gruppen. Um die Gruppe besser lesen zu lernen, haben sich in der praktischen Arbeit drei spezielle Blickwinkel bewährt:

- der Blick auf die Entwicklung der Gruppe,
- der Blick auf die impliziten (oft unausgesprochenen, aber von allen akzeptierten inneren Regeln in der Gruppe) und
- der Blick auf die Beziehungen im Organigramm.

2.1.4 Entwicklung von Gruppen

In ihrem Buch *»Wie die Gruppe laufen lernt«* haben Langmaack/Braune-Kricken ein Modell der Entwicklung von Gruppen aufgezeigt, das hilft, die Bedeutung von Konfliktsituationen in der Gruppe besser zu verstehen. *(Langmaack/Braune-Kricken 2000)* Die Autoren gehen von vier Phasen der Entwicklung einer Gruppe aus, die jede Gruppe im Verlauf ihres Zusammenseins durchläuft. Die erste Phase ist die Phase des Ankommens, die von einer Mischung aus Erwartung und Unsicherheit geprägt ist. Wenn die Gruppe sich kennengelernt hat und eine Sicherheit im Umgang miteinander gewonnen hat, gerät sie in die Phase der Gärung und Klärung. Wer hat welche Position im Beziehungsgeflecht der Gruppe ist jetzt die zentrale Frage. Diese Phase ist immer mit einer gewissen Unruhe und Positionskämpfen verbunden. Dadurch entsteht eine innere Struktur in der Gruppe. Wenn dieser Prozess gut verläuft, kann die Gruppe konstruktiv zusammen arbeiten. Allerdings muss man wissen, dass es immer wieder in Phase 2 zurückgeht, wenn neue Personen in die Gruppe kommen oder wenn sich der Kontext verändert. Und zum Abschied und Auseinandergehen entsteht noch einmal Unsicherheit.

Diese recht einfachen Erkenntnisse werden aber in der Praxis oft nicht beachtet. So gibt es in der Zusammensetzung neuer Arbeitsgruppen und Teams manchmal zu Beginn Workshops, um sich kennenzulernen, aber in der wichtigen Phase der Gärung und Klärung werden die Gruppen meistens alleingelassen.

Dieser Blickwinkel auf die Entwicklung der Gruppe ist hilfreich, um die Bedeutung von Konfliktsituationen einordnen zu können. Derselbe Konflikt hat eine völlig andere Bedeutung, wenn die Gruppe ein Jahr zusammenarbeitet und sich noch in der Phase der Gärung und Klärung befindet oder wenn drei Jahre Zusammenarbeit erfolgt sind und sie sich in gefestigten Kooperationsstrukturen bewegt. Im ersten Fall kann man davon ausgehen, dass in dieser Phase noch viele Bewegungen und schnelle Wendungen möglich sind – also gute Voraussetzungen für Lösungen bestehen. Im zweiten Fall sieht es anders aus: hier geht es oft um eingefahrene Muster und Ängste, eine Position zu verlieren und um tiefere Verletzungen – also meist um schwierigere und länger dauernde Bearbeitungen.

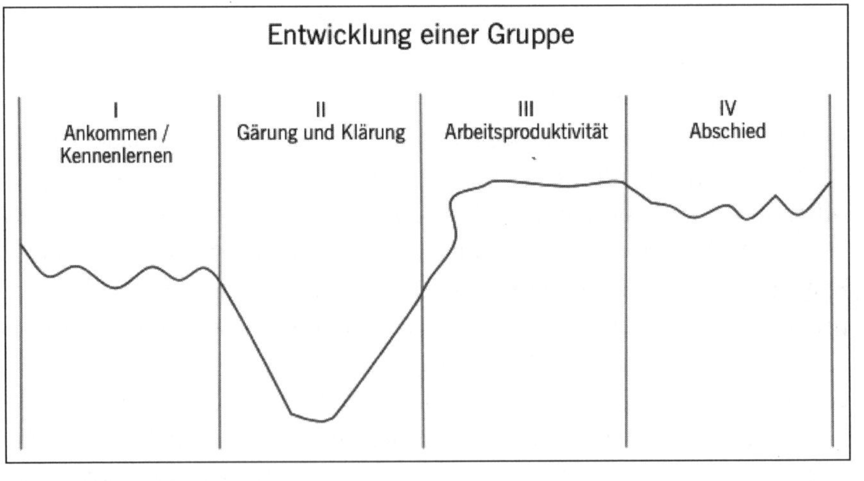

Abb. 2.3 Entwicklung von Gruppen

2.1.5 Verstrickte und losgelöste Systeme

Der Oldenburger Wissenschaftler und Mediator Joseph Rieforth richtet den Blick auf die impliziten Regeln in der Gruppe und spricht von verstrickten und losgelösten Systemen (s. Studienmaterialien weiterbildendes Studium Mediation und Konfliktmanagement in Wirtschaft und Arbeitswelt an der Ruhr-Universität Bochum).

Verstricktes System

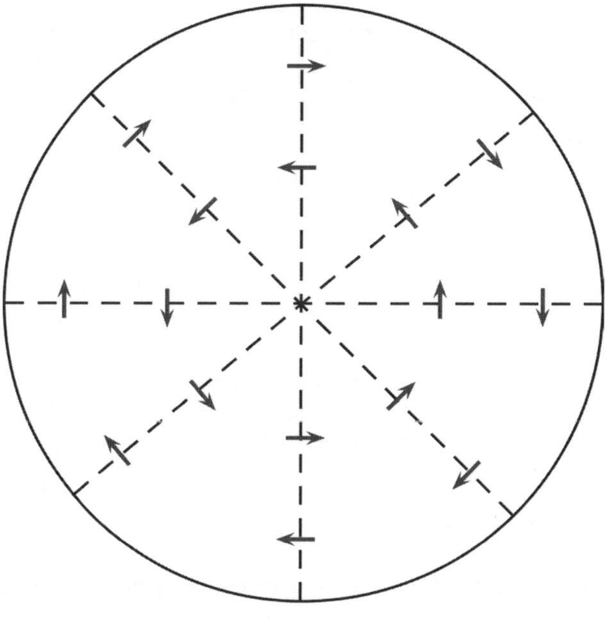

- Kontakte nach innen
- Anerkennung von innen
- Abschottung nach außen

nach J. Rieforth

Abb. 2.4 Verstricktes System

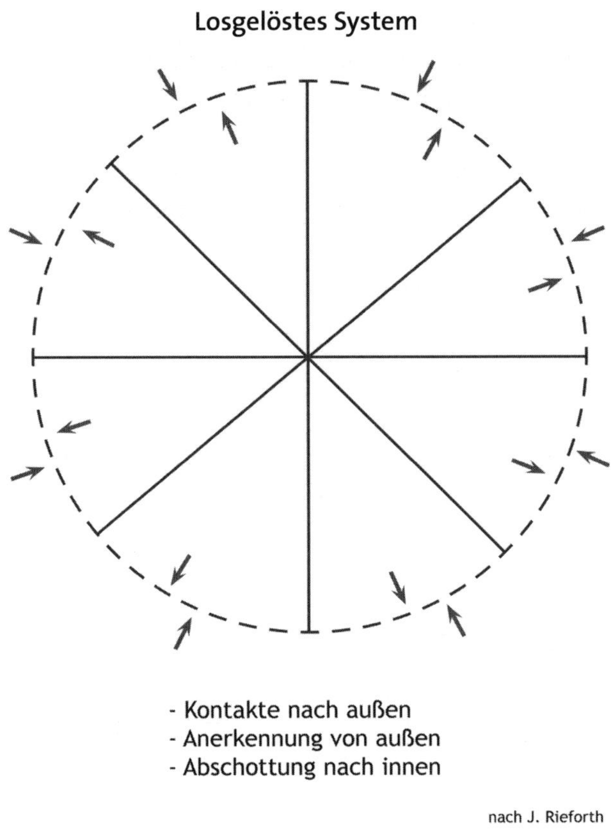

Abb. 2.5 Losgelöstes System

Verstrickte Systeme sind in Gruppen, die nach innen orientiert sind, erkennbar. Diese Gruppen schließen sich zusammen und haben die Tendenz, sich nach außen abzuschotten. Verstrickte Systeme sind häufiger in Familienunternehmen und sozialen Einrichtungen wie z. B. Tageseinrichtungen für Kinder zu beobachten.

Bei losgelösten Systemen steht die Orientierung nach außen im Vordergrund, es besteht die Tendenz, sich gegenüber Kollegen abzuschotten. Eher losgelöste Systeme erleben wir an Universitäten, in Forschungsbereichen der Industrie oder in Vertriebsunternehmen.

Die erste Gruppe braucht Anerkennung in der Gruppe, um souverän mit Außenkontakten umgehen zu können. In der zweiten Gruppe ist es umgekehrt. Da die E-Punkte (E=Empowerment) im transformativen Sinn für jede Gruppe anders gelagert sind, sollten sie in der Anlage der Konfliktbearbeitung beachtet werden (s. auch unter 2.3.2 Transformative Mediation).

2.1.6 Die Beziehungen im Organigramm

Das Organigramm bildet die hierarchische Struktur und die Verteilung der Aufgaben in einem Unternehmen oder einem Team ab. Es bietet ein praktikables Grundschema für eine genauere Betrachtung der Beziehungen in der Organisation oder der Gruppe. Damit ist es eine hilfreiche Orientierung für das Mediatorenteam in der Gestaltung der Settings und in der Vorbereitung der ersten gemeinsamen Sitzung. Die Mediatoren ordnen die vielen Informationen aus den Vorgesprächen und entwickeln eine Beziehungslandkarte auf der Basis des Organigramms. Diese Landkarte kann zu einem späteren Zeitpunkt auch der Gruppe präsentiert werden, um ihr zu spiegeln, was die Mediatoren zu Beginn wahrgenommen haben.

2.1.7 Mit der Komplexität des Systems umgehen

Jede Konfliktbearbeitung in einem Unternehmen ist eine Intervention in ein komplexes System. Die Beteiligten sind oft so sehr mit dem Konflikt beschäftigt, dass sie sich bislang kaum Gedanken darüber gemacht haben, welche Wirkungen der Konflikt im Unternehmen hat und wer sonst noch betroffen ist. Eine Mediation im Unternehmen ist häufig ein Navigieren zwischen Strukturen, Abläufen, Befindlichkeiten und unterschiedlichen Interessen. Daher hat es sich in der innerbetrieblichen Wirtschaftsmediation als sinnvoll erwiesen, in einer gründlichen Vorphase vor der eigentlichen Mediation das Verfahren so anzulegen, dass möglichst viele Unwägbarkeiten berücksichtigt werden. Auch während der Mediation ist es wichtig, gemeinsam mit den Beteiligten darauf zu achten, wie der Fortgang des Verfahrens auf andere Prozesse und Personen wirkt. Ebenfalls hat es sich bewährt, nach einer erfolgreichen Mediation eine Konsolidierungsphase einzubauen, um die Ergebnisse sorgsam in die Arbeitsabläufe und Teamstrukturen zu integrieren.

Konfliktsituationen – ob sie sich nun in einem Verband oder Unternehmen abspielen – sind immer unübersichtlich und komplex. Ein Mediator oder Berater kann keine Garantie für ein positives Ergebnis abgeben. *»Wir wissen nie, wie die Dinge wirklich sind.«* Mit dieser Grundeinsicht sucht der Wirtschaftsmediator nach Wegen und Möglichkeiten, mit Unübersichtlichkeit und Komplexität umzugehen.

Ausgangspunkt sind folgende Grundüberlegungen:

Vom System her denken
Bei der Bearbeitung von Konflikten steht nicht die Technik der Mediation im Vordergrund, sondern der Auftrag, die Logik des Kundensystems und der Kontext.

»Den Zipfel der Wirklichkeit« erwischen
Dieses Sich-Einlassen auf die Welt des Kunden sowie auf die Unübersichtlichkeit und Komplexität der Organisation erfordert Techniken der Gesprächsführung und Instrumente, um Unübersichtlichkeit immer wieder neu auszuloten und Komplexität zu reduzieren. In diesem Buch werden verschiedene Techniken, Instrumente und Herangehensweisen vorgestellt, um den »Zipfel der Wirklichkeit zu erwischen«.

Auf den Prozess vertrauen
In der Mediation ist der Mediator für das Verfahren zuständig. Das Problem und seine Lösung gehören dem Kunden. Daher braucht der Mediator eine gründliche Vorbereitung, um einen guten Mediationsplan machen zu können und gleichzeitig die Bereitschaft, diesen Plan direkt zu verändern, wenn sich der Prozess beschleunigt oder verlangsamt bzw. wenn neue Faktoren beachtet werden müssen.

Alle Interventionsmöglichkeiten nutzen
Beim Agieren in komplexen Strukturen reicht das klassische Setting der Mediation als einzige Intervention nicht aus. Deshalb werden unterschiedliche Techniken und Herangehensweisen aus Mediation, Coaching, Organisationsentwicklung und Supervision verbunden. Dazu haben die Autoren einen Werkzeugkasten mit 12 definierten Techniken entwickelt.

2.2 Konflikte in Organisationen

Das Wort Konflikt kommt von dem lateinischen Verb confligere – zusammenstoßen. Im Zusammenleben und in der Zusammenarbeit von Menschen prallen ständig unterschiedliche Meinungen, Interessen und Bedürfnisse aufeinander. Das Zusammenstoßen von Unterschieden und die Aushandlung unterschiedlicher Vorstellungen sind Grundelemente menschlichen Zusammenlebens. Ohne diese Konflikte und deren Klärung gäbe es keinen Fortschritt und keine Möglichkeit zur Weiterentwicklung von Personen und Organisationen.

Im Umgang mit Konflikten sind drei Dinge zu beachten:
- Konflikte sind im Zusammenleben und in der Zusammenarbeit normal.
- Konflikte sind ein wesentliches Element der Weiterentwicklung. In Organisationen sind sie ein wichtiges Signal dafür, dass etwas nicht stimmt und verändert werden muss.
- Entscheidend ist, wie mit den auftretenden Konflikten umgegangen wird. Das Entstehen von Konflikten können wir selten beeinflussen. Aber die Art und Weise, wie wir damit umgehen, liegt in unserer Hand. Darauf konzentriert sich die Arbeit der systemischen Wirtschaftsmediation.

Es gibt unterschiedliche Definitionen und Kategorisierungen von Konflikten. Im Folgenden sind drei Ansätze dargestellt, die sich in der praktischen Vermittlungstätigkeit bewährt haben:
- 2.2.1 Sozialer Konflikt nach Friedrich Glasl
- 2.2.2 Konfliktarten in Organisationen
- 2.2.3 Konfliktursachen und mögliche Interventionen nach Christopher Moore

2.2.1 Sozialer Konflikt

Friedrich Glasl hat sich in seinem klassischen Handbuch »*Konfliktmanagement*« grundlegend mit dem Thema sozialer Konflikte befasst.

> »Sozialer Konflikt ist eine Interaktion zwischen Aktoren (Individuen, Gruppen, Organisationen usw.), wobei wenigstens ein Aktor Unvereinbarkeiten im Denken/Vorstellen/Wahrnehmen und/oder Fühlen und/oder Wollen mit dem anderen Aktor (anderen Aktoren) in der Art erlebt, dass im Realisieren eine Beeinträchtigung durch einen anderen Aktor (die anderen Aktoren) erfolge.« *(Glasl 2013: 17)*

Die Kernpunkte dieser Definition sind:
- es besteht eine Interaktion im Handeln oder in der Kommunikation,
- es genügt, wenn einer der Aktoren die Unvereinbarkeit erlebt und demensprechend handelt,
- die Unvereinbarkeit besteht nicht nur im Denken, sondern auch im Fühlen und Wollen und

- ein Konflikt ist mit einer Handlung verbunden.

Für diese Definition eines sozialen Konflikts müssen alle Elemente vorhanden sein.

2.2.2 Konfliktarten in Organisationen

Zielkonflikte

Zielkonflikte gründen auf ungleichen Zielvorstellungen der Parteien. Unterschiedliche Ziele ergeben sich aus der wahrgenommenen Unvereinbarkeit von Interessen oder Wertvorstellungen und Überzeugungen der Kontrahenten. Bei Handelsstreitigkeiten zum Beispiel entstehen klassische Zielkonflikte über die einzelnen vertraglichen Konditionen einer Transaktion.

Mittelkonflikte

Bei Mittelkonflikten sind sich die Parteien über das zu erreichende Ziel einig. Unterschiedliche Ansichten bestehen allerdings über die Mittel und Wege, wie dieses Ziel zu erreichen ist. So können einzelne Abteilungen eines Unternehmens unterschiedlicher Auffassung darüber sein, wie bestimmte Unternehmensziele zu erreichen sind. Gegebenenfalls können solche unternehmensinternen Konflikte auch Auswirkungen auf die Beilegung von Streitigkeiten mit externen Dritten haben.

Verteilungskonflikte

Verteilungskonflikte entstehen, wenn Personen oder Personengruppen unterschiedlich an begrenzten Ressourcen beteiligt werden. Solche unterschiedlichen Zuwendungen können Gefühle von Benachteiligung und Neid bei den Betroffenen hervorrufen. Verteilungskonflikte entstehen unternehmensintern z. B. bei der unterschiedlichen Gewährung von Privilegien wie Dienstwagen oder Büroausstattungen. Aber auch unternehmensextern treten Verteilungskonflikte auf, wie z. B. bei der unterschiedlichen Gewährung von Sonderkonditionen für bestimmte Güter und Dienstleistungen an Geschäftspartner.

Rollenkonflikte

Rollenkonflikte treten auf, wenn Personen bestimmte Funktionsbereiche zugewiesen bekommen, an die grundsätzlich gegensätzliche Erwartungshaltungen geknüpft werden. Dabei kann die unterschied-

liche Erwartungshaltung durch ein abweichendes Rollenverständnis des Funktionsinhabers selbst bedingt sein oder in der organisationsinternen Struktur, in die der Funktionsträger eingebunden ist, begründet liegen.
(Altmann/Fiebiger/Müller 1999: 31)

2.2.3 Konfliktursachen in Organisationen

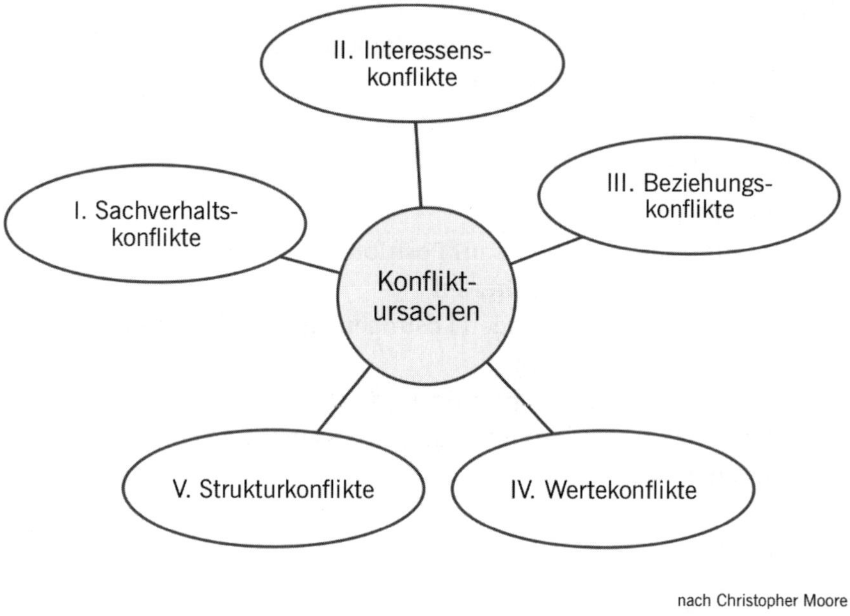

Abb. 2.6 Konfliktursachen aus Moore 1986: 27

In Organisationen können Konflikte nach ihren Ursachen unterschieden werden. Daran orientieren sich die möglichen Interventionsarten.

I. Sachverhaltskonflikte

Mögliche Ursachen
- Mangel an Informationen
- Fehlinformationen
- Unterschiedliche Einschätzung darüber, was wichtig ist
- Unterschiedliche Interpretationen von Daten
- Unterschiedliche Vorgehensweisen zur Bewertung

Mögliche Interventionen

- Erreichen von Übereinstimmung darüber, welche Daten wichtig sind
- Einigung auf ein Vorgehen zur Informationsgewinnung
- Entwickeln von gemeinsamen Kriterien zur Bewertung der Daten
- Hinzuziehen unabhängiger Experten, um eine Meinung von außerhalb zu hören oder einen toten Punkt zu überwinden

II. Interessenkonflikte

Mögliche Ursachen

- Angenommene oder tatsächliche Konkurrenzen
- Reale (inhaltliche) Interessen
- Verfahrensinteressen
- Psychologische Interessen

Mögliche Interventionen

- Focus auf Interessen, nicht auf Positionen
- Suche nach objektiven Kriterien
- Entwickeln von umfassenden Lösungen, die den Bedürfnissen aller Parteien entgegenkommen
- Suche nach Wegen, die Optionen und Ressourcen zu erweitern
- Tauschgeschäfte aushandeln, um Interessen unterschiedlicher Stärke zu befriedigen

III. Beziehungskonflikte

Mögliche Ursachen

- Starke Gefühle
- Fehlwahrnehmungen oder Stereotype
- Mangelnde Kommunikation oder Fehlkommunikation
- Wiederholtes negatives Verhalten

Mögliche Interventionen

- Kontrolle/Steuerung von Gefühlsausdrücken durch Vorgehensweise, Grundregeln, Einzelgespräche usw.
- Ausdruck von Gefühlen durch Anerkennung fördern und ein Verfahren dafür schaffen
- Wahrnehmungen klären, positive Wahrnehmungen aufbauen
- Qualität und Quantität der Kommunikation verbessern

- Abblocken von negativem, sich wiederholendem Verhalten durch Veränderung der Struktur
- Positive Einstellungen zur Problemlösung stärken

IV. Wertekonflikte

Mögliche Ursachen
- Verschiedene Kriterien zur Bewertung von Ideen oder Verhalten
- Ausschließende Ziele von innerem Wert
- Unterschiedliche Lebensformen, Ideologien und Religionen

Mögliche Interventionen
- Problembestimmung in wertenden Begriffen vermeiden
- Ermöglichung von Zustimmung oder Ablehnung für die Parteien
- Schaffen von Einflusssphären, in denen ein Wertebündel vorherrscht
- Suche nach übergeordneten Zielen, die alle teilen

V. Strukturkonflikte

Mögliche Ursachen
- Destruktive Verhaltens- oder Interaktionsmuster
- Ungleiche Kontrolle, Eigentumsverhältnisse oder Verteilung von Ressourcen
- Ungleiche Macht und Autorität
- Geographische, physische oder umfeldbezogene Faktoren, die eine Zusammenarbeit behindern

Mögliche Interventionen
- Klare Bestimmung und Veränderung von Rollen
- Ersetzen destruktiver Verhaltensmuster
- Neuverteilung von Besitz oder Kontrolle von Ressourcen
- Einführung eines fairen, beidseitig akzeptierten Verfahrens zur Entscheidungsfindung
- Verändern des Verhandlungsstils vom positions- zum interessensorientierten Verhandeln
- Verändern der Art der Einflussnahme der Parteien (weniger Zwang, mehr Überzeugung)
- Verändern des physischen Bereichs und des Umfelds der Parteien (Nähe und Distanz)
- Abschwächen von Druck von außen auf die Parteien
- Veränderung von Zeitzwängen (mehr oder weniger Zeit)

2.2.4 Die Triade der systemischen Konfliktbearbeitung in Organisationen

Konflikte in Organisationen und Unternehmen haben unterschiedliche Ursachen, Hintergründe und Verläufe. Vordergründig erscheinen sie als Konflikte zwischen Personen, aber dennoch haben sie einen eigenen Charakter. Beziehungen im Arbeitsleben sind geprägt durch Ausbildungen, Berufsbilder und berufliche Sozialisation.

Konflikte in Organisationen haben die üblichen negativen Wirkungen im zwischenmenschlichen Bereich. Sie sind aber auch immer eine Störung in den Arbeitsabläufen und Arbeitsbeziehungen und verursachen Kosten. Die vorgegebenen Ziele werden nicht erreicht oder es kommt zu schwerwiegenden Fehlentwicklungen.

Konflikte sind außerdem ein wesentliches Signal für die Organisation, dass etwas nicht stimmt. Konflikte in Teams weisen häufig auf Unklarheiten in den Abläufen und Mängel in der Gestaltung von Schnittstellen hin. Insofern sind Konflikte in Organisationen immer auch wertvolle Hinweise für notwendige Veränderungen.

Um – ausgehend von dieser Grundlage – den Kontext in Unternehmen und Organisationen stärker zu gewichten, hat Kurt Faller das Modell der Triade der systemischen Konfliktbearbeitung entwickelt. Es ist ein Modell, um Konflikte in Unternehmen besser erkennen und einordnen zu können und Wege zur Bearbeitung zu finden.

Der Blick auf den Konflikt wird erweitert. Er wird nicht nur aus der Sichtweise der beteiligten Personen gesehen, sondern er wird aus der Perspektive des Gesamtsystems betrachtet. Gleichzeitig wird die Komplexität begrenzt und auf drei Konfliktkategorien konzentriert:

1. auf personale Konflikte
2. auf materielle Konflikte
3. auf strukturelle Konflikte

Kommentar

In Konflikten finden sich in der Regel Aspekte aus allen drei Konfliktkategorien. Für den Mediator ist es in der Konfliktanalyse wichtig, Schwerpunkte zu erkennen und dementsprechend eine Entscheidung für die Bearbeitungsrichtung treffen zu können.

Die Triade der systemischen Konfliktbearbeitung

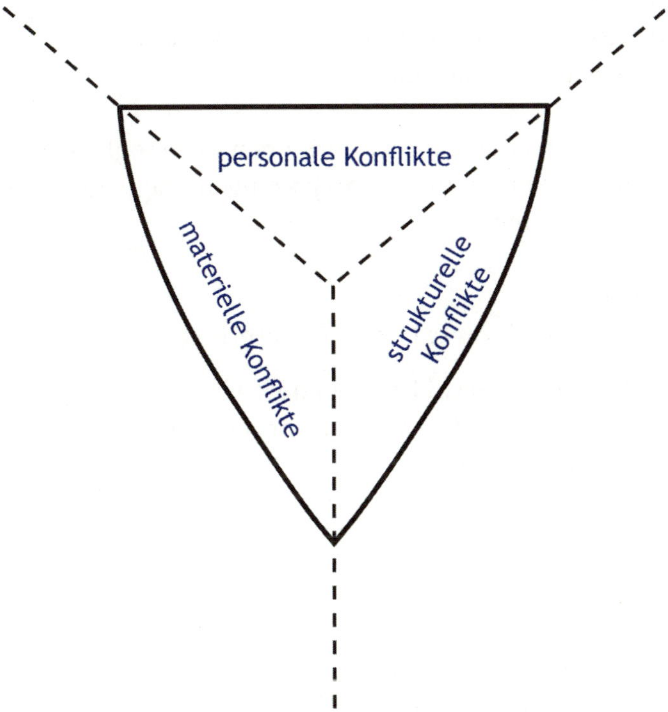

Abb. 2.7 Triade 1

2.2.5 Beachtung der Organisationskultur

Form, Verlauf und Dynamik von Konflikten in Organisationen werden stark durch den Kontext bestimmt. In Organisationen werden der Verlauf und die Dynamik eines Konflikts durch die Organisations- und Konfliktkultur des jeweiligen Unternehmens beeinflusst.

Organisationskultur kann man definieren als eine *»Gesamtheit aller Normen und Werte, die den Geist und die Persönlichkeit des Unternehmens ausmachen. Normen und Werte sind Steuerungsgrößen. Sie kanalisieren das Verhalten der Menschen.« (Doppler 2005: 454)*

Als Organisationskultur wird also die Summe der formellen und informellen Regeln im Umgang miteinander bezeichnet.

Die formellen Regeln sind häufig in

- Leitbildern,
- Führungsrichtlinien oder
- Verfahren zur internen Kommunikation beschrieben.

Die informellen Regeln werden durch
- das jeweilige Arbeitsfeld,
- den Arbeitsinhalt und die Arbeitsabläufe sowie das
- Verhalten der Führungskräfte

geprägt.

In den unterschiedlichen Organisationen sind mögliche Konfliktpotentiale mit den Zielsetzungen und jeweiligen Prägungen (Organisationskulturen) verbunden.

Unternehmen

Ziel: Ökonomisch relevante Leistungen erbringen.

Moderne Unternehmen sind geprägt durch:
- Re-Engeneering – Häufige Veränderungen von Strukturen
- Flexibilisierung der Arbeit
- Dezentralisierung

Konfliktpotentiale
- Hohe Bindung von Energie im Innern
- Unsicherheit der Mitarbeiter über die Zukunft
- Verlust von Expertenwissen bei Veränderungen
- Ständiges Gefühl der Überforderung
- Gruppendruck

Verwaltung

Ziel: Das Zusammenleben von Menschen regeln und fördern.

Verwaltungen sind geprägt durch:
- genau fixierte Amts- und Autoritätshierarchie
- feste Kompetenz- und Aufgabenverteilung
- Betonung der aktenmäßigen, schriftlichen Kommunikation
- Besetzung von Positionen nach Fachqualifikationen
- Entlohnung nach Funktion und Dienstalter
- Zugeschriebene Merkmale: Rigidität, Ambiguitätsintoleranz, Dogmatismus, wenig Risikobereitschaft, geringe Kreativität
- neue Entwicklungen zu: Kundenorientierung, Dezentralisierung, Controlling, Kosten- und Leistungsorientierung

Konfliktpotentiale
- hoher Widerstand bei Veränderungen
- Angst vor selbständigen Entscheidungen
- Problem, in Teams zu arbeiten

Soziale Dienstleistungen
Ziel: Verhalten von Personen verändern.

Soziale Dienstleistungssysteme sind geprägt durch:
- wenige hierarchische Ebenen
- niedriger Grad von Kontrollen
- hohe Bedeutung der persönlichen Beziehungen
- informelle Strukturen

Konfliktpotentiale
- Umgang mit knappen finanziellen Ressourcen
- Vorrang der Ökonomie gegenüber Fachwissen
- Leistungs- und Qualitätsnachweise
- unklare Leitungsstrukturen

2.2.6 Analyse der Organisationskultur nach E. Schein

Edgar Schein, einer der bedeutendsten Pioniere der Organisationsentwicklung in den USA, beschreibt vier Punkte für die Analyse der Organisationskultur.

1. Sichtbare Artefakte
- räumliche Bedingungen
- Kleidervorschriften
- Formalisierungsgrad der hierarchischen Beziehungen
- Umgang mit der üblichen Arbeitszeit
- Konferenzen (Häufigkeit, Moderation/Leitung, Timing)
- Wege der Entscheidungsfindung
- Wege der Kommunikation
- Jargon, Uniformen, Identitätssymbole
- Riten und Rituale, Pflege gesellschaftlicher Ereignisse
- Umgang mit Meinungsverschiedenheiten und Konflikten
- Verhältnis von Arbeit und Familie

2. Deklarierte Werte
- in Leitbildern und Führungsleitlinien dargestellte Werte

3. Vergleich der Werte mit den sichtbaren Artefakten

4. Tiefe gemeinsame Annahmen

- Annahmen, die die Organisation jenseits aller Widersprüche zwischen Werten und Artefakten zusammen halten und eine gemeinsame Basis für die Mitglieder der Organisation darstellen, z. B.: »wir sind erfolgreicher als die Konkurrenz«.

Organisationskultur nach E. Schein

1. Sichtbare Artefakte	2. Werte
3. Vergleich der Werte mit den sichtbaren Artefakten	
4. Tiefe gemeinsame Annahmen	

Abb. 2.8 Organisationskultur nach E. Schein

2.2.7 Konfliktkulturen

Wenn Menschen in Gefahr oder in schwierige Situationen geraten, zeigen sie je nach Typ zwei Grundreaktionen: Flucht oder Angriff. Diese Grundmuster lassen sich auch im Verhalten in Konflikten erkennen. Personen verhalten sich im Konflikt tendenziell eher abwartend oder eher offensiv. Diese Grundmuster finden sich auch in der Konfliktkultur von Organisationen. Hier spricht man von zum Kalten neigenden und zum Heißen neigenden Konfliktkulturen.

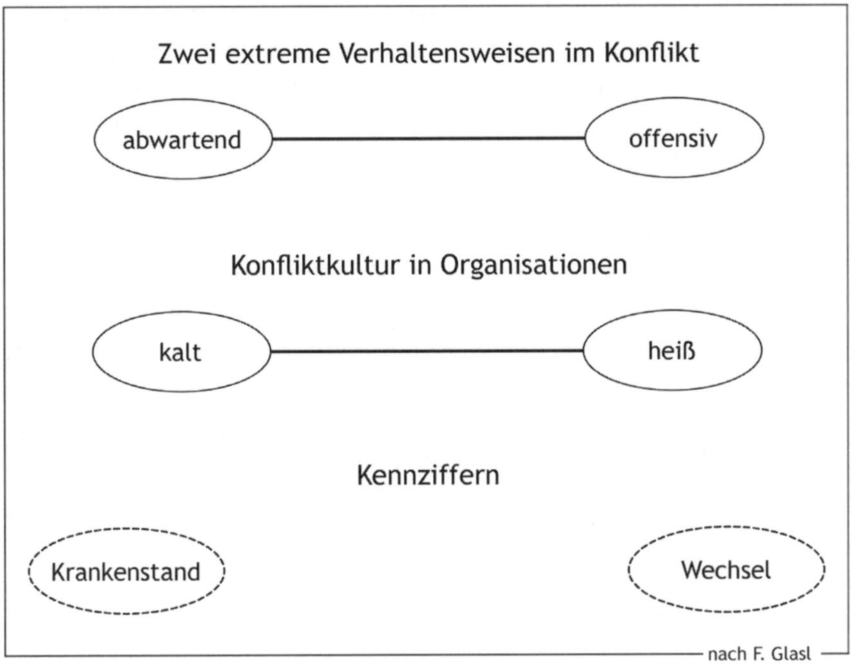

Abb. 2.9 Konfliktkulturen

Mit dem Wissen um diese unterschiedlichen Herangehensweisen und ihre Hintergründe kann der Mediator Konfliktverläufe besser nachvollziehen und adäquat reagieren.

Die Konfliktkultur ist ein Element der Organisationskultur. Als Konfliktkultur bezeichnet man die offiziellen und inoffiziellen Formen der Konfliktregelung bzw. des Umgangs mit Konflikten. Die Bedeutung des konkreten Konfliktverhaltens hängt von der Konfliktkultur der Organisation ab.

Jedes Unternehmen und jede Organisation hat eine eigene Organisations- und Konfliktkultur. Aber es gibt Ähnlichkeiten in der Branche. So gibt es durchaus typische Elemente der Organisationskultur in Wirtschaft, Verwaltung und im Bereich sozialer Dienstleistungen.

Verhalten in zum Kalten neigenden Konfliktkulturen

Eine kalte Konfliktkultur ist dadurch geprägt, dass Probleme eher ignoriert, Konflikte möglichst lange nicht angesprochen werden und eher ausweichend reagiert wird. Es besteht die unausgesprochene Regel, keine unangenehmen Dinge zu thematisieren. Treten Schwierigkeiten auf, wird die Ursache schnell im Versagen von Personen gesehen. Die einzelnen Personen versuchen, Konflikte außerhalb der Arbeit für sich zu klären. Interne Konflikte äußern sich nicht selten in erhöhten Krankenständen. Die dahinter stehende positive Absicht ist, den anderen nicht zu verletzen und die Akzeptanz in der Gruppe nicht zu gefährden.

Zum kalten neigende Konfliktkulturen bestehen häufig im sozialen Bereich, in der Verwaltung oder in werteorientierten Strukturen wie Kirchen, Glaubensgemeinschaften usw.

Vermitteln in zum Kalten neigenden Konfliktkulturen

- Bedeutung der Bearbeitung im Gesamtkontext klären
- Probleme nicht in Wertbegriffen definieren, positive Konnotierung
- Werte in Interessen übersetzen
- Übergeordnete Ziele finden
- Prozess offen gestalten bei klarer Strukturierung
- indirekte Kommunikation nutzen
  - Geschichten
  - Beispiele
  - Metaphern

Verhalten in zum Heißen neigenden Konfliktkulturen

Eine eher heiße Konfliktkultur ist dadurch geprägt, dass Probleme schnell und direkt angesprochen werden. Verbunden ist dies häufig mit einem fordernden, den anderen beurteilenden Verhalten. Die unausgesprochene Regel lautet, sich zu behaupten und keine Unklarheiten bestehen zu lassen.

In Konfliktsituationen entsteht schnell eine aggressive Stimmung, und es kommt zu lautstarken und direkten Auseinandersetzungen. Recht zu haben und den anderen zu besiegen ist wichtiger als Kompromisse zu finden. Wird der Konflikt schärfer, gibt es oft für »Verlierer« nur die Möglichkeit, aus dem Feld zu gehen, also den Arbeitsplatz zu wechseln. Die dahinter stehende positive Absicht ist, gute Ergebnisse zu erzielen und Probleme schnell zu beseitigen.

Zum Heißen neigende Konfliktkulturen bestehen z. B. in der Produktion, im Baugewerbe und in der Werbeindustrie.

Vermitteln in zum Heißen neigenden Konfliktkulturen

- Einen klaren und festen Rahmen für die Konfliktbearbeitung schaffen
- Kommunikation auf Probleme konzentrieren, nicht auf Personen
- Gemeinsamkeiten hervorheben
- Nicht-wertend paraphrasieren und zusammenfassen

Grundlage für Analyse und Interventionsplanung sind daher nicht in erster Linie die Erscheinungsformen des Konflikts, sondern die Frage, welche Bedeutung dieser Konflikt im Kontext der Organisation hat. Eine derbe Beschimpfung auf dem Bau stellt in der Regel kein großes Problem dar. Dieselbe Verhaltensweise in einem Kirchenvorstand wäre eine Katastrophe. Für den Wirtschaftsmediator ist es deshalb wichtig, einen Blick für den Kontext, konkret für die Organisations- und Konfliktkultur des Unternehmens zu entwickeln.

2.3 Mediation im Kontext – Grundsätze und Prinzipien der innerbetrieblichen Konfliktbearbeitung

Im Mediationsgesetz hat der Gesetzgeber Standards für das Mediationsverfahren normativ verbindlich gemacht.

In § 1 Abs. 1 S. 1 des Mediationsgesetzes heißt es:

§ 1 Begriffsbestimmungen

(1) Mediation ist ein vertrauliches und strukturiertes Verfahren, bei dem Parteien mithilfe eines oder mehrerer Mediatoren freiwillig und eigenverantwortlich eine einvernehmliche Beilegung ihres Konflikts anstreben.

(2) Ein Mediator ist eine unabhängige und neutrale Person ohne Entscheidungsbefugnis, die die Parteien durch die Mediation führt.

Mediation ist also definiert als ein strukturiertes Verfahren, mit dem der Kommunikations- und Verhandlungsprozess der Parteien unterstützt und begleitet wird. Allgemein wird Mediation als ein offenes und flexibles Verfahren der Konfliktbeilegung bezeichnet. Damit wurde ein allgemeiner Rahmen für die Anwendung der Mediation in unterschiedlichen Arbeitsfeldern geschaffen.

2.3.1 Grundsätze der Mediation

Zum Thema Mediation gibt es inzwischen eine Fülle von Büchern und Artikeln in Zeitschriften. In diesen Darstellungen werden an vielen Stellen Grundsätze für die Mediation angesprochen, die Grundlage jeder Mediation sein sollen. Der bekannte Konfliktforscher und Mediator Friedrich Glasl hat in seiner Rede auf dem Mediationskongress in

Ludwigsburg am 16.11.2012 die wichtigsten Punkte zusammengefasst. *(In: Rapp 2012: 10ff.)*

1. Freiwilligkeit der Mediananden
   Die Konfliktparteien sollen sich aus eigenem Willen und nicht unter Druck auf das Verfahren der Mediation einlassen.
2. Beteiligung aller Betroffenen
   Alle Betroffenen sollen in den Prozess der Konfliktbearbeitung in der Mediation einbezogen werden und eine aktive Rolle in der Klärung des Konflikts spielen können.
3. Eigenverantwortlichkeit der Konfliktparteien
   Die Konfliktparteien suchen eigenverantwortlich nach Lösungen für den Konflikt. Dies ist die Grundlage dafür, dass die Ergebnisse auch umgesetzt werden.
4. Keine Machtausübung durch Mediatoren
   Mediatoren haben nur die Verantwortung für den Prozess, nicht für die Inhalte und Ergebnisse.
5. Ergebnisoffenheit
   Damit ist gemeint, dass es keinerlei Vorfestlegungen für die Mediation gibt. Ergebnisse entstehen allein aus dem Mediationsprozess.
6. Allparteilichkeit und Neutralität der Mediatoren
   Dies ist die Anforderung an den Mediator, allen Parteien mit derselben Empathie zu begegnen und eine Äquidistanz – also den gleichen Abstand zu allen Seiten – zu wahren.
7. Vertraulichkeit
   Alles, was innerhalb der Mediation gesprochen wird, ist vertraulich zu behandeln. Alle Beteiligten verpflichten sich, keine Informationen nach außen zu tragen.

Diese Grundsätze stellen eine wichtige Orientierung dar. »*Sie sind nicht in absoluter Reinheit zu praktizieren, stellen aber wertvolle ethische Orientierungsrichtungen dar*«, sagt Friedrich Glasl. *(Ebd: 11)* Sie müssen nach dem jeweiligen Kontext, in dem Mediation durchgeführt wird, gewichtet und differenziert werden. Es gibt nicht eine Form der Mediation, die in allen Bereichen angewandt werden kann. In der praktischen Arbeit ist es umgekehrt. Der jeweilige Kontext definiert den Rahmen, in dem die Grundsätze umgesetzt werden können. Daraus ergeben sich spezifische und differenzierte Prinzipien des Handelns in einzelnen Arbeitsfeldern, sei es die Familienmediation, die gerichtsnahe Mediation, die Schulmediation oder in unserem Fall die innerbetriebliche Wirtschaftsmediation.

2.3.2 Prinzipien der innerbetrieblichen Konfliktbearbeitung

In Unternehmen und Organisationen wird der Kontext durch die rechtlichen, auch arbeitsrechtlichen Rahmenbedingungen und die Stellung des Unternehmens am Markt, die Organisationskultur, die hierarchische Struktur und die festgelegten Arbeitsabläufe bestimmt. Für Mitarbeiter und Führungskräfte regelt der Arbeitsvertrag ihre Rechte und Pflichten.

Der Mediator und die Mediandenbewegen sich also bei der Konfliktbearbeitung in Unternehmen nicht im luftleeren Raum, sondern in einem mehr oder weniger engen Geflecht von Regeln, Aufgaben, Machtstrukturen und Abläufen.

Um in diesem Rahmen die Grundsätze der Mediation erfolgreich umsetzen zu können, haben sich folgende Prinzipien der innerbetrieblichen Konfliktbearbeitung als sinnvoll erwiesen:

(1) Die erweiterte Verantwortung des Mediators

Der Mediator ist verantwortlich für den Prozess der Konfliktbearbeitung. Im Rahmen dieses Prozesses hat er auch eine gewisse Verantwortung für die am Bearbeitungs- und Klärungsprozess beteiligen Personen. Zumindest sollte er darauf achten, dass niemand durch die Gestaltung der Konfliktbearbeitung in Schwierigkeiten gebracht wird. In der Konfliktbearbeitung in Unternehmen wird dieser Aspekt noch erweitert. Denn in Organisationen sind die Beziehungen zwischen den Personen bestimmt durch Arbeitsverträge und festgelegte Rollen und Aufgaben. Das heißt, die Arbeitsaufgaben und die Ziele des Unternehmens sind in der Wirtschaftsmediation mindestens genauso zu beachten wie die Positionen und Interessen der beteiligten Personen. Diese erweiterte Verantwortung muss der Wirtschaftsmediator in der Auftragsgestaltung, in der Gestaltung des Settings der Konfliktbearbeitung, in der Mediation und im Umgang mit den Ergebnissen berücksichtigen.

John Haynes, der berühmte amerikanische Familienmediator, vertrat vehement die These, dass er vor einer Mediation überhaupt nichts vom Sachverhalt wissen wolle, um wirklich allparteilich und unbelastet in die Mediation gehen zu können. Diese ausschließliche – und im Familienkontext nachvollziehbare – Konzentration auf die Verfahrenskompetenz muss im Wirtschaftskontext durch eine gewisse Feldkompetenz ergänzt werden. Der Wirtschaftsmediator braucht Kenntnisse des Arbeitsgegenstandes, der Struktur, der Abläufe und der Unternehmenskultur, um die Bedeutung des Konflikts im Gesamtkontext des Unternehmens einordnen und die Formen der Bearbeitung bestimmen zu können. Diese Feldkompetenz ist auch häufig notwendig, um als Mediator den Ausführungen der Konfliktbeteiligten angemessen folgen zu können. Denn je intensiver das Gespräch wird, umso mehr sprechen die Beteiligten in ihrem internen »Code« und benutzen ihre üblichen Abkürzungen. Und ein Mediator, der ständig zu seinem eigenen Verständnis nachfragt, was dieses oder jenes zu bedeuten habe, ist nicht wirklich hilfreich für den Klärungsprozess.

Um die Komplexität von Systemen zu erfassen hat es sich bewährt, diese unter mindestens drei Blickwinkeln zu betrachten. Vom System her und triadisch gedacht, sind es drei Grundelemente, die die Arbeit in Unternehmen und Organisationen prägen.

Es sind
1. die Personen, die im Unternehmen beschäftigt sind oder mit denen das Unternehmen zu tun hat
2. die Sachen, also der Arbeitsgegenstand
3. die Struktur, also der Aufbau der Organisation und die Form der Arbeitsabläufe

Daraus ergibt sich die grundlegende Triade der Arbeit in Unternehmen.

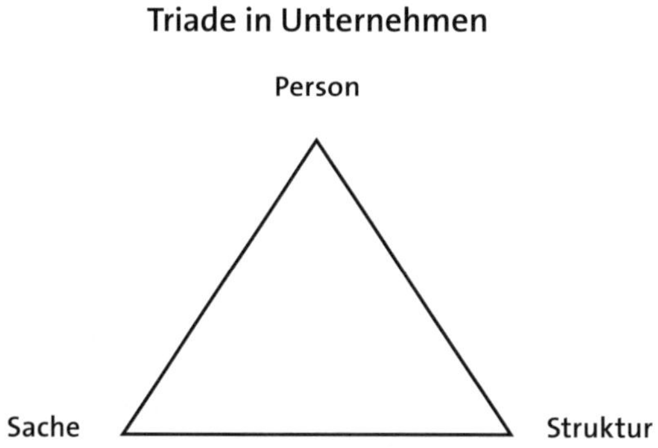

Abb. 2.10 Triade in Unternehmen

Diese Triade verdeutlicht den Schritt von der personenorientierten zur organisationsorientierten Mediation. Auf der einen Seite werden die Verantwortung und der Handlungsrahmen des Mediators erweitert. Er übernimmt nicht nur Verantwortung für die Personen, sondern auch für die Organisation. Nicht nur die Beziehungsebene, sondern auch die Sachebene und die Struktur des Unternehmens sind ständig im Blick zu behalten.

Auf der anderen Seite wird der Handlungsrahmen eingeschränkt.

Denn die Beziehungen in Unternehmen sind durch den Arbeitsvertrag bestimmt und nicht durch den persönlichen Wunsch, Zeit miteinander zu verbringen. Hier gilt der Grundsatz, nur so tief wie notwendig in die Beziehungsregelung einzusteigen und nicht so tief wie möglich. Dies ist für den Wirtschaftsmediator mitunter eine schwierige Gratwanderung. Denn im Konflikt neigen Personen dazu, Dinge zu äußern und persönlicher zu reagieren, als es für die Arbeitssituation sinnvoll ist. In der Arbeit werden Personen eher in ihren Rollen und Funktionen gesehen und der Wirtschaftsmediator sollte sie darin unterstützen, »nicht aus der Rolle zu fallen«.

Um diese unterschiedlichen Elemente austarieren zu können, braucht der systemische Wirtschaftsmediator entsprechende Kompetenzen. Dies führt zu einer weiteren Triade.

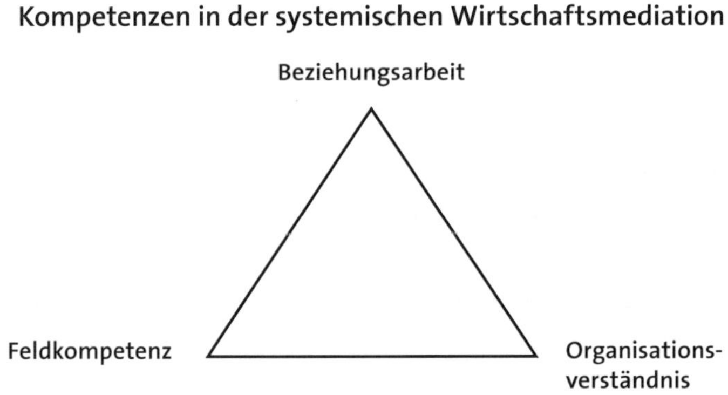

Abb. 2.11 Kompetenzen in der systemischen Wirtschaftsmediation

Der systemische Wirtschaftsmediator braucht

- **Kompetenzen in der Beziehungsarbeit**
  Die Menschen müssen in ihrer Verletzlichkeit und ihrem Ärger ernst genommen werden und gleichzeitig möglichst davor bewahrt werden, »aus der Rolle zu fallen«. Dazu sind umfassende Kompetenzen des Mediators in der Beziehungsarbeit notwendig.
- **Feldkompetenz**
  Der Mediator braucht keine genauen Detailkenntnisse über die zu beratenden Unternehmen. Aber er muss einen Einblick in das Arbeitsfeld und die wichtigsten Arbeitsabläufe der Medianden haben, um sinnvoll agieren zu können. Denn der Kontext der Arbeitsinhalte und Arbeitsprozesse dominiert häufig die Kontakte und die persönlichen Beziehungen der Beschäftigten. Mit einer gewissen Feldkompetenz kann der systemische Mediator auch

besser erkennen, ob die Streitthemen eher Beziehungsthemen oder Sachthemen sind.

- **Organisationsverständnis**
  In Unternehmen verhalten sich die Menschen häufig anders als in ihrem persönlichen Umfeld. Im Unternehmen wird Verhalten in der Regel durch die Organisationskultur geprägt. Daher sind bei aller Komplexität der einzelnen Arbeitsprozesse sich wiederholende Grundlinien in einzelnen Branchen, Produktionsbereichen und Unternehmensgrößen erkennbar. Ein Grundverständnis von Organisationskultur, Struktur, Arbeitsabläufen und Professionsverhalten ist daher für den systemischen Wirtschaftsmediator unabdingbar.

(2) Das Primat der internen Konfliktbearbeitung

»Das Problem und seine Lösung gehören dem Kunden« sagt Edgar Schein. *(Schein 2003: 299)* Und für die innerbetriebliche Konfliktbearbeitung muss man noch hinzufügen – auch der Prozess der Konfliktbearbeitung im Unternehmen. Denn Konflikte im Unternehmen werden in erster Linie von Führungskräften oder internen Konfliktanlaufstellen – dem Personalmanagement und dem Betriebsrat – bearbeitet. Externe Fachkräfte werden in der Regel erst dann in die Konfliktregelung einbezogen, wenn die eigenen Maßnahmen nicht greifen. Und E. Schein schreibt weiter: *»Fakt ist, dass der Kunde mit den Folgen des Problems und der Lösung leben muss, ich ihm also nicht die Verantwortung dafür abnehmen kann.« (Schein 2003: 299)*

Das hier beschriebene MEDIUS-Konzept der innerbetrieblichen Wirtschaftsmediation geht daher vom Primat der internen Konfliktbearbeitung aus und bietet Angebote, die internen Formen der Konfliktregelung effektiver zu gestalten und dabei die internen Verantwortlichen zu stärken. Aus diesem Grundgedanken heraus sind die Vorgehensweisen der kooperativen Auftragsgestaltung und der transparenten Gestaltung des Settings der Konfliktbearbeitung entstanden, die in den nächsten Kapiteln dargestellt werden.

Das Primat der internen Konfliktbearbeitung ist für das Unternehmen am effektivsten umsetzbar, wenn die Organisation über ein erweitertes Konfliktmanagementsystem verfügt. Dann stehen Konfliktlotsen und interne Mediatoren und ein den Konfliktparteien bekanntes Verfahren zur Verfügung. Dadurch können viele Konflikte schon früh erkannt und sachlich geklärt werden. Bei komplexen und hierarchisch relevanten Konflikten können der Organisation bekannte Mediatoren einbezogen werden, die in Abstimmung mit den internen Konfliktmanagern aktiv werden.

(3) Die Balance zwischen der Integration der Mediation in die Strukturen des Unternehmens und der relativen Unabhängigkeit des Verfahrens
In der innerbetrieblichen Konfliktregelung besteht die Kunst darin, zwei sich scheinbar wiedersprechende Ziele in eine gelungene Balance zu bringen. Denn die Mediation wird auf der einen Seite umso wirksamer, je stärker sie mit dem bestehenden System der Konfliktregelung und den Strukturen und Abläufen des Unternehmens verbunden ist. Auf der anderen Seite ist es unabdingbar, dass eine Mediation eine relative Unabhängigkeit gegenüber den Strukturen hat. Niedrigschwellige, interessensorientierte, mediative Verfahren brauchen einen Vertrauensschutz. Sie sind nur sinnvoll, wenn die Vertraulichkeit in den Gesprächen und Mediationen gesichert ist.

Eine innerbetriebliche Konfliktbearbeitung ist nur dann für das Unternehmen effektiv, wenn beide Aspekte berücksichtigt sind. Die Kunst ist, diese Balance in der jeweiligen Kultur, Struktur und Abläufen in der Organisation zu finden.

Deutlich wird die Notwendigkeit dieser Balance oft in der Bearbeitung von Konflikten in Teams und Arbeitsgruppen. Die verantwortliche Führungskraft hat die Konflikte und die Störungen im Arbeitsprozess bemerkt. Sie bemüht sich, allein oder mit interner Unterstützung eine Lösung zu finden. Gelingt dies nicht, beauftragt sie einen internen (wenn entsprechende Kompetenzen im Unternehmen vorhanden sind) oder einen externen Mediator. Da sie sich schon engagiert hat und auch für sie persönlich viel davon abhängt, wie der Konflikt geklärt wird, hat sie großes Interesse, die Kontrolle über das Verfahren der Konfliktbearbeitung zu behalten. Nicht selten haben Führungskräfte in dieser Situation auch klare Vorstellungen, wie das Ergebnis der Mediation aussehen sollte.

Auf der anderen Seite ist es für die Konfliktklärung im Team wichtig, dass die Vertraulichkeit in der Mediation gesichert ist und die Gruppe selbst eine Lösung finden kann. Die Balance zwischen diesen beiden – für den Wirtschaftsmediator nachvollziehbaren – Zielen kann in der praktischen Arbeit über Regelungen im Verfahren gefunden werden. Die Führungskraft kommt zu Beginn in die Gruppe. Der Mediator führt mit ihr ein Interview, in dem die Führungskraft ihre Ziele, die zu beachtenden Rahmenbedingungen und die jeweiligen Spielräume benennen kann. Ein Punkt dieses Interviews sind auch die Rahmenbedingungen für die Mediation. In der Regel versichern die Führungskräfte, dass sie die Vertraulichkeit des Verfahrens unterstützen und keine Details aus der Diskussion wissen wollen, aber über das Ergebnis, das die Gruppe findet, informiert werden wollen. Dabei hat es sich in vielen Fällen bewährt, die Führungskraft zum Abschluss des Prozesses wieder in die Mediation einzuladen. So kann die Gruppe ihre Ergebnisse vortragen und gemeinsam mit der Führungskraft über die Umsetzung dieser Ergebnisse diskutieren.

(4) Die Verbindung von interner und externer Mediation

Externe Mediatoren sollten sinnvollerweise erst dann eingesetzt werden, wenn die Grenzen der internen Konfliktbearbeitung erreicht sind. Die Praxis zeigt, dass interne Mediatoren bei personalen und materiellen Konflikten, die noch nicht stark eskaliert sind, auf der Mitarbeiterebene sehr vieles tun können.

Ihre Grenzen erreichen sie bei Konflikten auf höheren Hierarcheebenen und bei strukturellen Konflikten. Bewährt hat sich eine feste Kombination von internen und externen Mediatoren, so dass in komplexen Konflikten gemeinsam besprochen werden kann, welche Fragen intern geklärt werden und an welcher Stelle ein externer Mediator eingesetzt wird. Dadurch kann auch gewährleistet werden, dass die Gesamtverantwortung im System bei den internen Mediatoren bleibt und externe Mediation gezielt als zusätzliche Dienstleistung eingesetzt wird.

(5) Ergebnisorientierung

Wirtschaftliches Handeln heißt vor allem, Ergebnisse zu erzielen. Sei es, ein Produkt zu entwickeln, etwas zu verkaufen oder eine Dienstleistung anzubieten. Dieses Denken bestimmt in der Regel auch den Auftrag, eine Mediation zur Klärung eines Konflikts durchzuführen.

Damit steht der Mediator vor einer doppelten Herausforderung. Er muss dem Auftraggeber deutlich machen, dass das Grundprinzip der Mediation gerade darin besteht, dass die Konfliktbeteiligten selbst eine Lösung finden und der Mediator sie dabei in einer allparteilichen Haltung unterstützt. Da aber Konflikte im Arbeitsleben eine Störung der Arbeitsabläufe und eine Minderung der Arbeitsergebnisse darstellen, ist es für den Mediator wichtig, das Verfahren der Konfliktbearbeitung so zu gestalten, dass es zu einem Ergebnis kommt – manchmal auch in einem definierten Zeitrahmen.

Das Harvard-Konzept der Verhandlung und Vermittlung

»Hart in der Sache, aber sanft zu den Menschen« – diesen Grundsatz haben R. Fisher und W. Ury in Ihrem 1981 erstmals erschienenen Buch *»Getting to Yes«* formuliert und die integrative Verhandlungsstrategie begründet.

Der entscheidende Fortschritt gegenüber der distributiven Verhandlungsstrategie bestand darin, dass sie zwischen den von den Parteien eingenommenen Positionen und den dahinterliegenden Interessen und Bedürfnissen unterschieden. Da die Interessen und Bedürfnisse weit umfassender sind als die direkt zu verhandelnden Positionen, eröffnet sich den Parteien damit ein größerer Raum für kreative Lösungen.

Die vier Prinzipien des sachgerechten Verhandelns haben auch zentrale Bedeutung für die Wirtschaftsmediation.

1. **Menschen:**
   Personen und Probleme trennen
2. **Interessen**:
   Konzentration auf Interessen anstatt auf Positionen
3. **Optionen:**
   Aufzeigen von Optionen zum beiderseitigen Vorteil
   Vor der Entscheidung neue Möglichkeiten entwickeln
4. **Kriterien**
   Die Entscheidung aufgrund objektiver Kriterien treffen

(Schwarz in Trenczek/Berning/Lenz 2012: 119ff. oder Schoen 2003: 95ff.)

Ein weiterer Schwerpunkt des Harvard-Konzeptes ist die Betonung einer guten Vorbereitung auf eine Verhandlung. Dabei geht es nicht nur darum, Optionen für ein Verhandlungsergebnis, sondern auch Nichteinigungsalternativen zu entwickeln. Zu wissen, wann man in der Verhandlung »Nein« sagen will, stärkt die eigene Verhandlungsposition und gibt Sicherheit. Dabei ist es bei der Entwicklung der eigenen BATNA (best alternative to a negotiated agreement) wichtig, nicht nur über die eigenen direkten Ziele (Positionen) nachzudenken, sondern sich auch über die dahinterliegenden persönlichen Interessen und Bedürfnisse klar zu werden. Wenn es in der Verhandlung gelingt, die Interessen der anderen Seite und deren Nichteinigungsalternativen zu verstehen, ist der Weg offen für ein Verhandlungsergebnis zum beiderseitigen Vorteil.

(6) Transferorientierung

Auch in einem weiteren Punkt ist es für den Wirtschaftsmediator wichtig, im Herangehen einen guten Kompromiss zu finden. Einen Kompromiss zwischen der Beschäftigung mit der Vergangenheit und der Zukunft. Die Konfliktbeteiligten sind zu Recht an Fragen der Vergangenheit – wie der Konflikt entstanden ist, wer was und warum getan hat, welche Wirkungen das hatte usw. – interessiert. Das Umfeld im Unternehmen möchte aber, dass der Konflikt – und damit die Störung in der Arbeit – möglichst schnell geregelt wird und bessere Kommunikationen und Kooperationen für die Zukunft begründet werden. Im Herangehen und in seiner Gesprächsführung versucht der Wirtschaftsmediator, die beiden unterschiedlichen Aufträge in eine Balance zu bringen – entsprechend dem Motto: so viel Vergangenheit wie notwendig, so viel Zukunft wie möglich.

Der transformative Ansatz in der Mediation

Nicht die Struktur oder das Erreichen einer Vereinbarung, sondern das soziale Lernen im Prozess sei das wichtigste in der Mediation. Mit dieser Grundthese begründeten Bush/Folger 1994 den Ansatz der Transformativen Mediation. *(Bush/Folger, 1994)* Dieser Grundgedanke ist für die innerbetriebliche Wirtschaftsmediation besonders interessant. Denn Konflikte im Betrieb sind Störungen im Arbeitsablauf. Und es macht Sinn, die Konfliktbearbeitung als Lernprozess zur Weiterentwicklung und Verbesserung zu begreifen und entsprechend zu gestalten.

Drei Aspekte des transformativen Ansatzes können die innerbetriebliche Konfliktbearbeitung bereichern.

Transformative Mediation

Konfliktbearbeitung durch Empowerment und Recognition

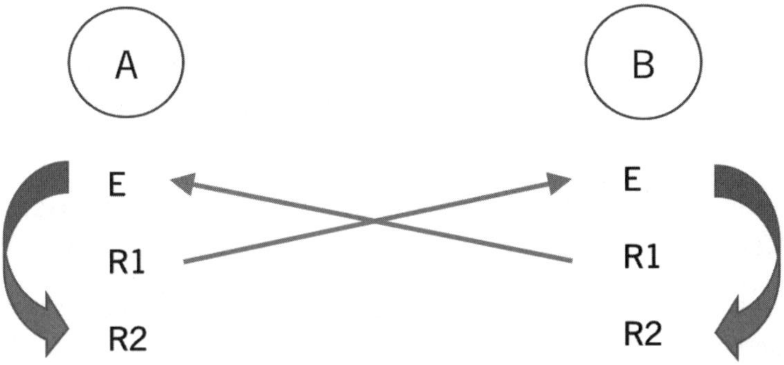

E Stärkung
R1 Anerkennung der anderen Person / Position
R2 Einsicht in die eigenen Anteile

Abb. 2.12 Transformative Mediation

Um eine »Transformation« der Beziehung zwischen den Konfliktparteien zu erreichen, setzen Bush/Folger auf die Begriffe »Empowerment« und »Recognition«.

- »Empowerment« meint, eine Person so stärken, dass sie etwas selbst bewältigen kann, im Deutschen nur »Stärkung« (E).
- »Recognition« hat in diesem Zusammenhang zwei Bedeutungen
  - »Anerkennung« – gemeint ist die Anerkennung der anderen Person oder Position (R1) und
  - »Einsicht« in den eigenen Anteil am Konflikt (R2).

In der Mediation kann der Mediator die Begriffe folgendermaßen nutzen, um den Prozess der Konfliktklärung zu vertiefen:

Bereits in den Vorgesprächen, aber besonders in der 2. Phase – Darstellung der Sichtweisen – hört der Mediator fokussiert auf die E(mpowerment)-Punkte der einzelnen Personen. E-Punkte sind sensible Bereiche, in denen eine Person gestärkt werden sollte, aber keineswegs beschädigt werden darf, damit sie sich bewegen kann.

Was sind die »eigentlichen« Interessen und Bedürfnisse hinter den strittigen Positionen?

Im Arbeitsleben sind dies häufig die Rollen und die fachliche Akzeptanz. Wenn eine Fachkraft oder Führungskraft befürchtet, durch die Auseinandersetzung um ein konkretes Regelungsthema in ihrer Rolle als Führungskraft oder in der Akzeptanz ihrer Fachkompetenz beschädigt zu werden, wird sich ihre Haltung dem Konfliktpartner gegenüber eher verhärten.

Erkennt der Mediator diesen E-Punkt, kann er in der 3. Phase – Konflikterhellung – vertiefende Fragen stellen. So kann die andere Person diesen sensiblen Punkt wahrnehmen und z. B. sagen:

> »Ich möchte Sie nicht generell in Ihrer Rolle als Führungskraft angreifen, ich bin nur mit dieser Regelung nicht einverstanden«.

Dann eröffnet sich für die Führungskraft die Möglichkeit, noch einmal nachzudenken. Wenn sie dies zum Ausdruck bringt und vielleicht sagt:

> »Was ich von Ihnen höre, macht mich nachdenklich. Offensichtlich hatte ich nicht alle Informationen, als ich entschieden habe. Lassen Sie uns die Sache noch einmal besprechen«,

macht sie den Weg frei zu einer konkreten Lösung und einer Verbesserung der Beziehung.

2. »Looking for opportunities«

Damit meinen Bush/Folger, dass der Mediator sich nicht sklavisch an die Struktur der Mediation halten sollte, sondern ständig auf »Gelegenheiten für Empowerment und Recognition« achten und diese sofort aufnehmen sollte.

Dadurch werden keine »Goldstücke« (wie z. B. *»... wenn ich gewusst hätte, dass das für Sie so eine Bedeutung hat ...«* oder *»... es tut mir leid, wenn das bei Ihnen so angekommen ist, im Grunde schätze ich Ihre Arbeit sehr ...«*), die ein Mediand vielleicht in einem Nebensatz äußert, übergangen.

Diese Aufforderung zu Flexibilität und »Mitschwingen« mit dem Prozess der Mediananden erfordert eine hohe Disziplin des Mediators. Denn er sollte nach jedem »Ausflug« wieder genau an den Punkt zurückzukehren, an dem sie die Struktur verlassen haben.

3. »upstream-effects«

Bush/Folger unterscheiden zwischen dem kurzfristigen Nutzen aus der

Mediation und den längerfristigen, positiven Auswirkungen auf das Verhalten der Mediandenn.

> »Jede gute Mediation trägt zur Selbsterkenntnis der Beteiligten bei. Sie lernen einiges über sich selbst, ihre wichtigen Anliegen, über ihre Ansprüche und normativen Überzeugungen, über ihre Vorurteile und Empfindlichkeiten. Und sie lernen, dass dies konfliktträchtig sein kann.« *(Montada in Dörflinger-Kashmann 2010: 40)*

Diese »upstream-effects« kann man vor allem in den Unternehmen verstärkt feststellen, die bereits ein Konfliktmanagementsystem etabliert haben. Durch das Konfliktmanagementsystem werden manche Konflikte vermieden, auftretende Konflikte schneller erkannt und niedrigschwellig bearbeitet. Das führt dazu, dass die Konfliktkosten gesenkt und die Unternehmensziele in einem angenehmeren und produktiveren Klima erreicht werden.

2.3.3 Die Phasen der innerbetrieblichen Konfliktbearbeitung

Die genannten Grundsätze und Prinzipien fließen in den strukturierten Prozess der innerbetrieblichen Konfliktbearbeitung ein. Dieser umfasst im Gesamten vier Phasen:

I. Pre-Mediation Die Vorphase der Konfliktbearbeitung	1. Die Klärung des Auftrags 2. Die Konfliktanalyse 3. Der Mediationsplan 4. Das Angebot
II. Main-Mediation Die Phase der Konfliktbearbeitung	Die 12 Techniken der systemischen Konfliktbearbeitung in Organisationen
III. Post-Mediation Die Phase der Konsolidierung	1. Follow-up zur Umsetzung der Vereinbarung 2. Integration in Team und Organisation
IV. Meta-Mediation Die Entwicklung von Konfliktmanagementsystemen	1. Die Klärung des Auftrags 2. Arbeiten mit dem Hexagon 3. Phasen der Implementierung

Abb. 2.13 Phasen der innerbetrieblichen Konfliktbearbeitung

Die Vorphase (Pre-Mediation)

In Unternehmen hat nicht nur der Konflikt, sondern auch jede Intervention zur Konfliktregelung komplexe und nicht leicht überschaubare Wirkungen. Daher sind eine gründliche Konfliktdiagnose und eine sorgsame Planung der Interventionen sinnvoll. Eine gut gestaltete Vorphase ist auch wichtig, um zu sichern, dass die internen Verantwortlichen von vornherein den Gesamtprozess kontrollieren und die Wirkung jeder Maßnahme abschätzen können. Dabei arbeiten interne Verantwortliche und externe Mediatoren eng zusammen.

Die Vorphase umfasst folgende Schritte:

1. Die kooperative Auftragsgestaltung (Kapitel 3.1)
2. Die Erarbeitung des Mediationsplans (Kapitel 3.2)
3. Die Vertragsgestaltung (Kapitel 3.3)

Die Bearbeitungsphase (Main-Mediation)

In der Bearbeitungsphase wird der Konflikt entsprechend der in der Vorphase ausgewählten Techniken mit den Parteien bearbeitet.

Im MEDIUS-Konzept der innerbetrieblichen Wirtschaftsmediation steht dazu ein Werkzeugkasten von 12 Techniken zur Verfügung, die in Kapitel 4–7 ausführlich beschrieben werden.

Die Konsolidierungsphase (Post-Mediation)

Wenn die direkten Konfliktparteien ihren Konflikt geklärt und neue Formen des Umgangs vereinbart haben, ist der Konflikt im Unternehmen in der Regel noch nicht gelöst. Für eine tatsächliche Klärung müssen auch die Personen einbezogen werden, die die Entstehung und den Verlauf des Konflikts als indirekt Betroffene oder als Beobachter mitbekommen haben. Denn sie haben oft während des Konflikts Stellung bezogen, haben sich zurückgezogen oder sind andere Wege gegangen, um den Kontakt zu vermeiden. Diesen Personen müssen die Ergebnisse der Mediation vermittelt werden, damit sie ihr bisheriges Verhalten überdenken und sich auf die neue Situation einstellen können.

Dies gilt ganz besonders für Führungskräfte und Vertreter von Konfliktanlaufstellen, die nicht direkt in den Bearbeitungsprozess integriert waren. Daher sind in der Regel Follow-up-Gespräche mit den bisherigen Konfliktparteien, eventuell auch unter Einbezug anderer Betroffener sinnvoll. So hatte sich z. B. in einem komplexen Fall in einem Software-Unternehmen plötzlich eine Abteilung zu Wort gemeldet, die mit den von allen anderen getroffenen Vereinbarungen überhaupt nicht einverstanden war. Ohne ein nachträgliches Klärungsgespräch wäre das Ergebnis des gesamten Prozesses gefährdet gewesen.

Konfliktmanagement (Meta-Mediation)

Die Eigenkräfte des Unternehmens werden noch mehr gestärkt, wenn die Erkennung, Erfassung und Bearbeitung von Problemen in der Organisation systematisiert und strukturiert wird – also ein Konfliktmanagementsystem entwickelt und implementiert wird. W. Ury nennt das Meta-Mediation: *»in this sense the process of dispute systems design can be considered as a kind of »meta-mediation«, a mediation about mediation and other processes of conflict management.« (Constantino/Sickles 1996: X)*

Kapitel 3. Die Vorphase der innerbetrieblichen Konfliktbearbeitung (Pre-Mediation)

3.1 Kooperative Auftragsgestaltung

Wie das Ergebnis einer innerbetrieblichen Konfliktbearbeitung aussieht, entscheidet sich oft schon am Anfang – in der Vorphase.

- Wie sieht der Auftrag genau aus?
- In welchem Kontext ist der Konflikt zu sehen?
- Welche Bedeutung hat der benannte Konflikt für das Unternehmen?
- In welchem Rahmen und in welcher Form wird der Konflikt bearbeitet?
- Was geschieht mit den Ergebnissen der Konfliktregelung?

All diese Fragen müssen schon in der Vorphase gestellt und mögliche Antworten darauf gefunden werden.

Derartige Fragen kann ein externe Mediator auch bei umfangreichen Erfahrungen nicht beantworten. Und wenn er das Ethos der Wirtschaftsmediation – das Unternehmen im Ganzen und die betroffenen Konfliktparteien im Besonderen zu befähigen, selbst Lösungen zu finden – ernst nimmt, darf er die Fragen nicht allein beantworten.

3.1.1 Die Experten-Falle

Im aktuellen Entwicklungsstadium der Wirtschaftsmediation in Deutschland, Österreich und der Schweiz ist die Gefahr groß, bei Anfragen zur Konfliktbearbeitung schnell in die »Experten-Falle« zu laufen. Mediation ist den Verantwortlichen in den Unternehmen inzwischen bekannt und wird auch in der öffentlichen Diskussion positiv beurteilt, aber es gibt noch wenig praktische Erfahrungen. So entsteht bei manchen Verantwortlichen der Gedanke, in schon länger schwelenden Konflikten, die trotz mehrerer Versuche bislang nicht geregelt werden konnten, Mediation einzusetzen.

Wenn der angesprochene Mediator den Auftrag relativ schnell übernimmt und ohne umfassende Auftragsgestaltung beginnt, mit den Parteien zu arbeiten, sitzt er schon in der Experten-Falle. Die verantwortlichen Führungskräfte und die bisher mit der Konfliktregelung befassten Konfliktanlaufstellen betrachten vom Rande her interessiert oder skeptisch den Fortgang der Mediation. Selbst wenn sich in der Mediation die persönlichen Beziehungen der Konfliktparteien verbessern, bleibt die Unsicherheit, wie die Führung und die internen Konfliktanlaufstellen mit dem Ergebnis umgehen.

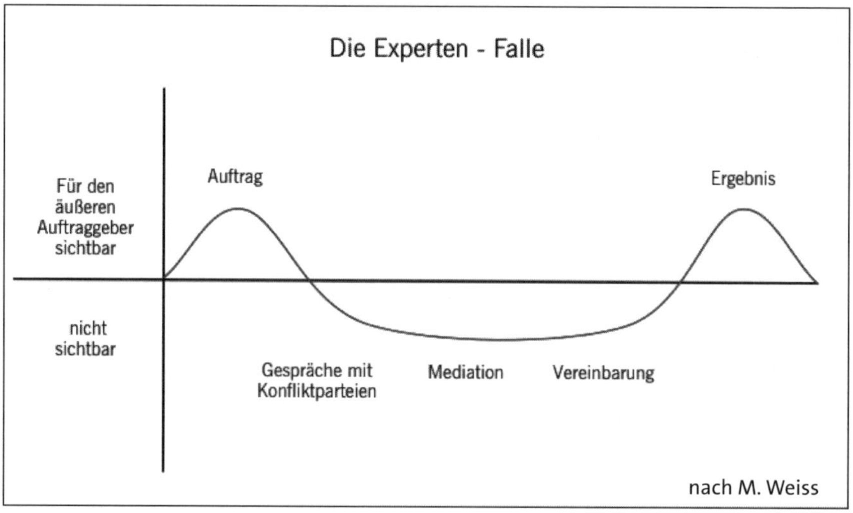

Abb. 3.1 Expertenfalle

Die entscheidende Frage lautet, wie die Vorphase gestaltet werden muss, damit die Verantwortung und die Entscheidungsmacht über Verfahren und Ergebnis bei den Konfliktparteien und den Verantwortlichen im Unternehmen bleiben.

3.1.2 Systemische Auftragsgestaltung

Bei einer Konfliktbearbeitung stehen sich zwei soziale Systeme gegenüber und arbeiten mit verteilten Rollen an der Klärung eines Problems.

Auf der einen Seite steht die um Unterstützung und Beratung nachfragende Organisation, das Kundensystem (KS). In diesem Kundensystem gibt es an irgendeiner Stelle einen Konflikt, der zu einer Störung der Arbeitsabläufe, der Zusammenarbeit und meist auch zu einer Verschlechterung der Arbeitsergebnisse geführt hat. Bezogen auf den Konflikt z.B. in einem Team hat der Mediator es gleich mit mehreren Teilsystemen zu tun:

- mit dem direkt betroffenen Team, das sich zunehmend mit seinen Streitpunkten, unterschiedlichen Wahrnehmungen und Interessen beschäftigt. In diesen Streit wird immer mehr Kraft investiert; Energie, die zur Bewältigung der eigentlichen Aufgaben fehlt.
- Andere Gruppen in der Organisation sind unterschiedlich stark von den Auswirkungen des Konflikts betroffen. Bisweilen sind sie schon am Rande involviert, oder sie beobachten die Entwicklung und warten ab.
- Die Anfrage nach Mediation kommt in der Regel von der Leitung der Organisation oder von den mit dem Konflikt befassten Konfliktanlaufstellen (Personalmanagement, Rechtsabteilung und Betriebsrat). Sie wollen die Störung der Arbeitsabläufe beseitigen und haben meist schon ohne Erfolg interveniert.

Auf der anderen Seite stehen die angefragten und an einer Zusammenarbeit interessierten Mediatoren, das Beratersystem (BS). Durch die Interaktion im Rahmen der Mediation entsteht ein gemeinsames System – das Berater-Kundensystem (BKS). *(s. auch Königswieser/Hillebrand 2008: 36)*

In der Auftragsgestaltung werden Schritt für Schritt die Voraussetzungen geschaffen, um dieses Berater-Kundensystem zu befähigen, den Konflikt zu klären. Dabei ist schon in der Planung des Verfahrens zu berücksichtigen, welche Wirkungen durch die Konfliktbearbeitung im Gesamtsystem entstehen. Denn ebenso wie der Konflikt in einem Teilsystem Auswirkungen auf das Gesamtsystem hat, so hat auch die Intervention zur Klärung des Konflikts enorme Effekte.

Von daher ist die Auftragsgestaltung bereits Teil der Konfliktbearbeitung. Denn in der Organisation, vor allem in den direkt betroffenen Einheiten, ist ein Innehalten spürbar. Zumeist beginnen schon in den Einzelgesprächen der Vorphase Prozesse der Umorientierung und ein verhaltenes Einstellen auf den Klärungsprozess. Diese Entwicklung verstärkt sich, wenn deutlich wird, in welchen Schritten der Klärungsprozess ablaufen soll. Durch die gemeinsame Erarbeitung der einzelnen Schritte des Verfahrens entsteht langsam Vertrauen, dass auch in der Sache Lösungen möglich sind.

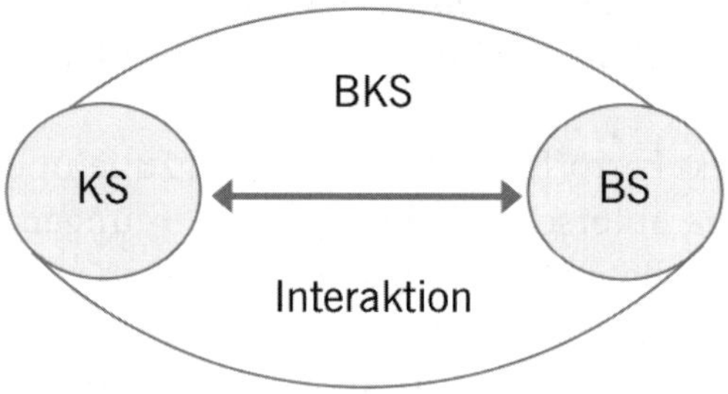

Abb. 3.2 Berater-Kundensystem 1

3.1.3 Äußerer und innerer Auftrag – die Auftragsebenen

Um das Berater-Kunden-System vorzubereiten, sind nach der Logik des Systems mindestens zwei, oft noch mehrere Ebenen zu beachten:

Die Ebene der Leitung – der sog. äußere Auftrag

Die Führung beauftragt eine externe Mediation, um einen Klärungsprozess in Gang zu setzen und die Störung im Arbeitsprozess zu beheben. Sie trägt die Gesamtverantwortung für den Prozess der Konfliktbearbeitung und die Integration der Ergebnisse in die Arbeitsabläufe.

Die Ebene der internen Konfliktanlaufstellen

(Personalmanagement, Rechtsabteilung, Betriebsrat u.a.)

Diese internen Konfliktanlaufstellen waren zumeist schon konkret mit dem Konflikt in irgendeiner Art und Weise befasst und tragen Verantwortung für den Ablauf der Konfliktregelung.

Die Ebene der direkt betroffenen Personen – der sog. innere Auftrag

Auf dieser Ebene findet die eigentliche Konfliktbearbeitung statt. Für die Konfliktparteien ist es wichtig, eine sorgsame und vertrauliche Begleitung in der Lösungsfindung zu haben, aber auch zu wissen, was die Führung von ihnen erwartet und welche Bedeutung die Ergebnisse für die Organisation haben.

Diese drei Ebenen müssen unterschiedlich vorbereitet und im Gesamtprozess immer wieder in einer transparenten Weise verbunden werden.

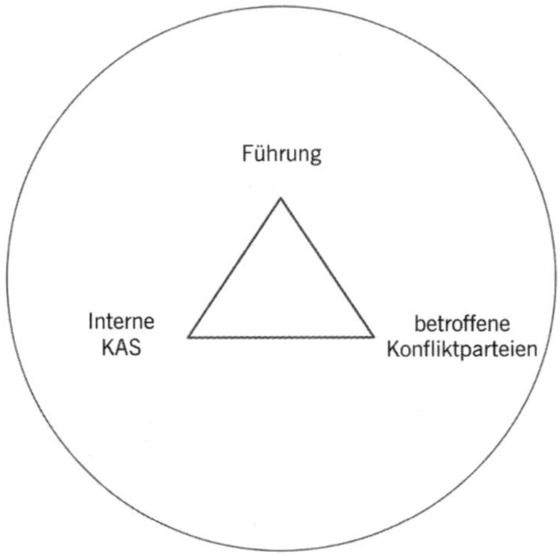

Abb. 3.3 Auftragsebenen 1

Hinter diesen drei Ebenen gibt es noch mehrere Institutionen und Personen, die die Entstehung des Konflikts verfolgt haben, eigene Interessen haben oder die schon an den Versuchen zur Lösung beteiligt waren.

- Auf der Führungsebene ist oft wichtig, welche Position die verantwortliche Führungskraft im Management-Team hat, wie die anderen Führungskräfte die Situation beurteilen und welche Bedeutung der Konflikt in der Wertschöpfungskette des Unternehmens hat. Wenn sich der Konflikt in einer zentralen Abteilung abspielt, von deren Ergebnissen die gesamte weitere Produktion abhängt, werden die Scheinwerfer der innerbetrieblichen Aufmerksamkeit in einer anderen Weise auf diesen Prozess gerichtet sein als bei einem Konflikt in einer Verwaltungsabteilung.
- Bei den internen Konfliktanlaufstellen spielen die Personalabteilung, manchmal die Rechtsabteilung, aber vor allem der Betriebsrat eine wichtige Rolle. Wie ist die allgemeine Zusammenarbeit zwischen Management und Betriebsrat? Welche Bedeutung wird dem Konflikt von der einen oder anderen Seite zugemessen?
- Bei den betroffenen Konfliktparteien hat der Mediator es mit dem betriebsinternen Konflikt und den unterschiedlichen Sichtweisen zu tun. Aber: sind noch weitere Personen oder Abteilungen an dem Konflikt beteiligt, die noch nicht genannt wurden? Wer ist von den Auswirkungen des Konflikts in welcher Weise betroffen? Wer sind die Zuschauer im Unternehmen oder möglicherweise darüber hinaus?

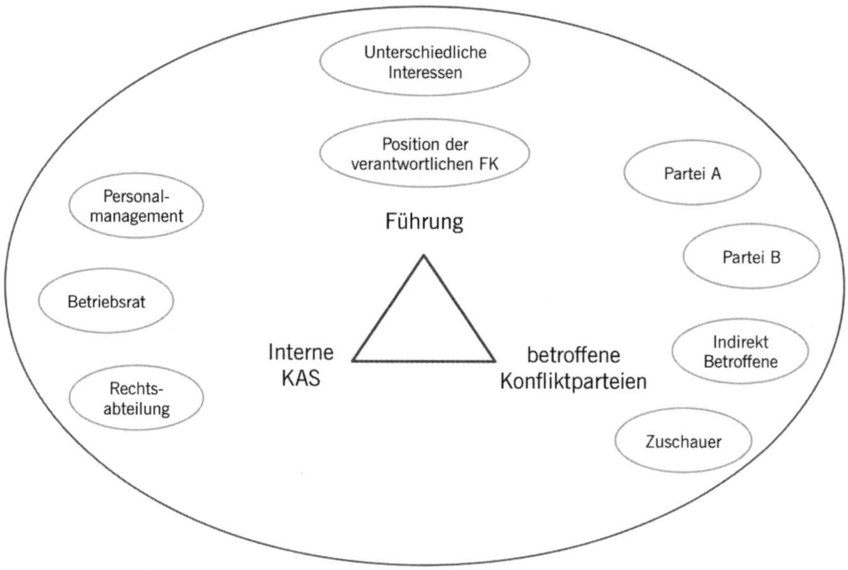

Abb. 3.4 Auftragsebenen 2

All diese Fragen, die für die Planung und Durchführung der Mediation von Bedeutung sind, kann ein von außen kommender Mediator nicht alleine beantworten. Seine Rolle besteht darin, die richtigen Fragen zu stellen und ein Vertrauensverhältnis mit den drei Auftragsebenen zu entwickeln. Nur sie können die Fragen beantworten, die entscheidend sind für den Verlauf der Mediation.

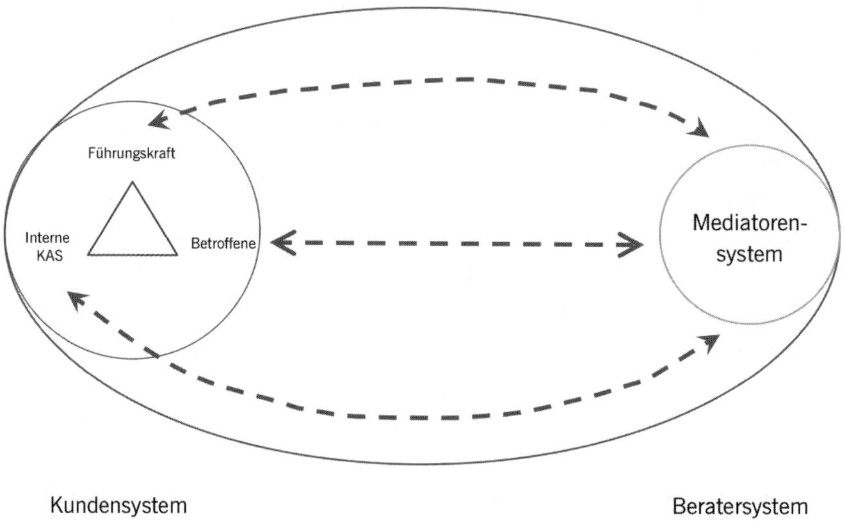

Abb. 3.5 Berater-Kundensystem 2

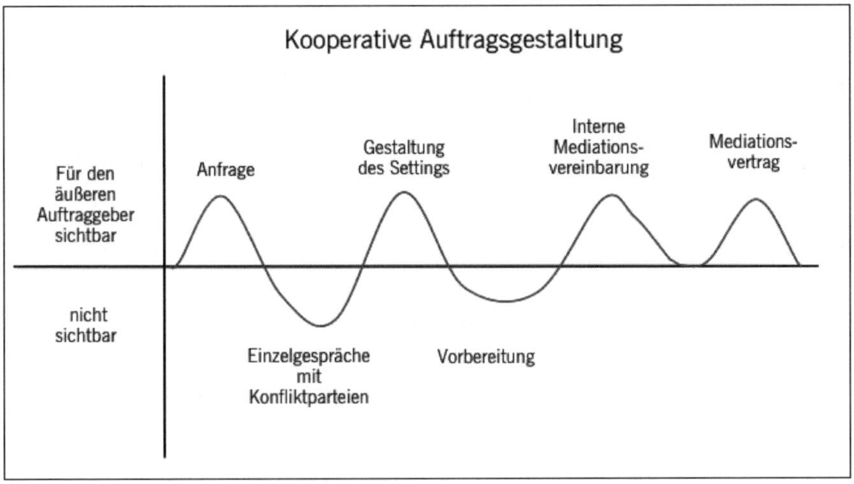

Abb. 3.6 Kooperative Auftragsgestaltung

3.1.4 Die Anfrage

Anfragen zu Beratungen und Konfliktbearbeitungen kommen von unterschiedlichen Personen aus dem Unternehmen – meist von Führungskräften, den sog. Klassischen Konfliktanlaufstellen wie Personalmanagement, Betriebsrat und Sprecherausschuss oder von betroffenen Mitarbeitenden.

Die Bearbeitung erfolgt in bestimmten Schritten:

- Der erste Schritt einer Konfliktbearbeitung am Arbeitsplatz ist immer die Klärung des sog. »äußeren Auftrags« mit den Verantwortlichen der jeweiligen Organisationseinheit.
- Stellt eine andere Abteilung oder ein Mitarbeiter eine Anfrage, ist es wichtig zu klären, wie und von wem die verantwortliche Führungskraft angesprochen wird.
- Bei Anfragen von Mitarbeitern, die sich über einen Missstand beklagen, ist es häufig sinnvoll, in einer ausführlichen Konfliktberatung herauszuarbeiten, welche Vor- und Nachteile mit einer Arbeitsplatzkonfliktmoderation verbunden sind.
- Hat die Anlaufstelle die grundsätzliche Bereitschaft des Auftraggebers geklärt, übergibt sie die weitere Bearbeitung an einen oder mehrere Mediatoren aus dem Mediatoren-Pool.

Diese beiden Ebenen – der innere und der äußere Auftrag – müssen unterschiedlich vorbereitet und im Gesamtprozess immer wieder in einer transparenten Weise verbunden werden.

3.1.5 Schritte der Auftragsgestaltung

1. Gespräch mit dem äußeren Auftraggeber
2. Einzelgespräche mit den am Konflikt beteiligten Personen und Frage nach dem inneren Auftrag
3. Erarbeitung des Mediationsplans durch den Mediator (Mediatoren-team)
4. Präsentation des Angebots und gemeinsame Festlegung des Verfahrens
5. Erarbeitung der internen Mediationsvereinbarung
6. Abschluss des Mediationsvertrags mit dem externen Mediator
7. Ständige Überprüfung in Reflexionsschleifen und Veränderung

3.1.6 Frage-Raster zur Klärung des Äußeren Auftrags

1. Fragen zur Sache
   - Was ist der Anlass für Ihre Anfrage?
   - Wie stellt sich das Problem für Sie dar?
   - Wer ist an dem Konflikt beteiligt?
   - Was haben Sie bisher schon unternommen, um das Problem zu lösen?
2. Fragen zum Ziel
   - Was wäre Ihr Ziel bei der Bearbeitung des Problems?
   - Was – denken Sie – wollen die betroffenen Mitarbeiter erreichen?
3. Fragen zum Verfahren
   - Kennen Sie die verschiedenen Verfahren der innerbetrieblichen Konfliktbearbeitung?
   - In der Sache, die Sie mir geschildert haben, sehe ich folgende Möglichkeiten des Vorgehens:
     a ...
     b ...
4. Fragen zu Wünschen/Befürchtungen
   - Was sollte bei der Bearbeitung noch beachtet werden?
   - Gibt es noch etwas, was auf jeden Fall berücksichtigt oder auf keinen Fall getan werden sollte?

3.1.7 Einzelgespräche mit den Konfliktbeteiligten

Ein Teil des äußeren Auftrags ist auch die Klärung der Frage, mit welchen Personen Vorgespräche geführt werden. Bei diesen Gesprächen wird ein »Interview-Leitfaden« eingesetzt. Dies ist besonders dann sinnvoll, wenn mehrere Personen in einer Abteilung oder einem Team befragt werden.

3.1.8 Interviewleitfaden

Interviewleitfaden für Arbeitsplatzkonflikte
Name
Firma
Abteilung
1. Seit wann sind Sie an Ihrem jetzigen Arbeitsplatz tätig?
2. Was gehört zu Ihrem Arbeitsgebiet?
3. Beschreiben Sie bitte das Problem aus Ihrer Sicht.
4. Seit wann empfinden Sie die von Ihnen beschriebene Situation als Konflikt?
5. Was war Ihrer Meinung nach die Ursache für diesen Konflikt?
6. Welche Personen sind in dieser Sache beteiligt?
7. Was haben Sie bisher unternommen? Haben Sie sich an andere Personen/Institutionen gewandt?
8. Was haben die anderen Beteiligten unternommen?
9. Welche Versuche zur Klärung oder Konfliktlösung hat es bereits gegeben? a) von Ihnen b) von den anderen Konfliktbeteiligten c) von Dritten
10. Was – denken Sie – würde passieren, wenn der Konflikt nicht gelöst würde?
11. Sind Sie bereit an der Mediation teilzunehmen?
12. Haben Sie noch Fragen?

3.2 Die Gestaltung des Settings der innerbetrieblichen Konfliktbearbeitung

Nach den Auftragsgesprächen mit der verantwortlichen Führungskraft, der/den internen Konfliktanlaufstelle(n) sowie den Einzelgesprächen mit den am Konflikt Beteiligten hat der Wirtschaftsmediator eine Fülle von Informationen, unterschiedlichen Bewertungen, Wünschen, Sorgen und leidvollen Erfahrungen gehört.

Jetzt geht es darum, auf der Basis dieser vielfältigen und widersprüchlichen Informationen in einem strukturierten Prozess Hypothesen zu bilden, einzelne Interventionen zu planen und daraus einen durchgehenden Entwurf für das Bearbeitungsverfahren – den Mediationsplan – zu erarbeiten.

Dabei ist sich der systemische Wirtschaftsmediator immer der Tatsache bewusst, dass diese Hypothesen nie die »Wahrheit« abbilden, sondern dass es mentale Konstrukte sind. Und dies gilt für beide Seiten. Die Auftraggeber und die Betroffenen haben dem Mediator ihre subjektiv empfundenen Wahrnehmungen, Erfahrungen und Schlussfolgerungen mitgeteilt, und der Mediator verarbeitet diese Informationen auf der Basis seines Hintergrundes und seiner subjektiven Erfahrungen.

»Es ist eine Illusion zu glauben, wir müssten nur genug Fragen stellen und Informationen sammeln, dann würde das Bild komplett werden. Wir handeln immer auf glattem Parkett und mit großen Unsicherheiten« sagt die systemische Organisationsberaterin R. Königswieser sehr deutlich. *(Königswieser/Hillebrand 2008: 47)* Und weiter: *»Jede Fragestellung, Hypothese, Aktion und Reaktion muss immer wieder daraufhin überprüft werden, ob sie nicht zu sehr von Voreingenommenheit, Vorurteilen, Emotionen und Eigeninteressen geprägt ist und uns Berater blind macht.« (ebd.: 50)*

Aus den Erfahrungen der Autoren haben sich drei Varianten des Vorgehens bewährt, um diese Gefahren zu vermeiden oder zumindest einzuschränken.

1. Staffarbeit

Es ist sinnvoll, wenn Wirtschaftsmediatoren sich Möglichkeiten schaffen, ihre Hypothesen mit Kollegen zu diskutieren. Dies funktioniert am besten im eigenen Team.

2. Vertrauensperson

Eine weitere oder auch ergänzende Möglichkeit ist es, schon in der Auftragsklärung zu verabreden, dass eine Person aus der Organisation zur Verfügung steht, während der Erarbeitung des Settings Hypothesen und Rückfragen mit dem Wirtschaftsmediator zu besprechen. Dies könnte z.B. ein Vertreter einer Konfliktanlaufstelle sein.

3. »Rhythmus-Gruppe«

In vielen Betrieben gibt es Vertreter der internen Konfliktanlaufstellen, die eine Mediationsausbildung absolviert haben. Es ist optimal für die gesamte Konfliktbearbeitung, wenn es schon bei der Erarbeitung des Mediationsplans gelingt, eine »Rhythmus-Gruppe« aus internen und externen Mediatoren zu bilden. In der Kooperation verbinden sich dann Systemkenntnis und Distanz in der Planung des Verfahrens der innerbetrieblichen Konfliktbearbeitung.

3.2.1 Der Beispielfall Kundenbank

Gut gelaunt kam Herr Maxmann, der Seniorchef des größten örtlichen Unternehmens in die Filiale der Volksbank in A-Dorf. Wie üblich ging er direkt zu Frau Weber, die hinten im Raum Papiere sortierte. Schon bei der Begrüßung wunderte er sich, wie zurückhaltend sie antwortete. Er kannte Frau Weber schon über 30 Jahre und hatte viele Höhen und Tiefen der Entwicklung seiner Firma von einem Handwerksbetrieb zu einem international tätigen Familienunternehmen mit über 500 Beschäftigten gemeinsam mit ihr bewältigt. Denn Frau Weber spielte eine besondere Rolle in dieser Volksbank im ländlichen Bereich, zu der auch die Filiale in A-Dorf gehörte.

Sie war lange Jahre Direktorin der Volksbank in A-Dorf, bis 1998 aus bisher 5 selbständigen Banken die neue Volksbank im Landkreis mit 12 Filialen und ca. 250 Mitarbeitern gebildet wurde. Danach war sie Filialleiterin. Als 2005 die große Umstrukturierung stattfand, das 3-Banken-System bei der Volksbank eingeführt und die Filialleitungen abgeschafft wurden, wollte Herr Ebermann, der Direktor der Bank, sie als Abteilungsleiterin für den Bereich Service-Bank in die Zentrale holen. Da die Zentrale aber über 30 km von A-Dorf entfernt liegt, entschied sie sich aus persönlichen Gründen – ihre Tochter hat ein behindertes Kind, das sie mit betreut – abzulehnen und in A-Dorf als einfache Sachbearbeiterin zu bleiben. Dies war nicht immer ganz einfach für ihre Kollegen, v.a. für Frau Edel, die die Privatkundenbank und Herrn Ahaus,

der die Geschäftskundenbank betreute. Nach wie vor sahen viele Kunden in ihr die Direktorin und wollten von ihr bedient werden.
So auch Herr Maxmann, der ihr sofort seine Anliegen vortrug. Er war völlig erschrocken, als sie ihn unterbrach und mit hochrotem Gesicht sagte, dass es ihr untersagt worden sei, ihn zu bedienen. Herr Ahaus sei für ihn zuständig. Sie bitte ihn um Verständnis, dass sie nicht mehr sagen könne.
Herr Maxmann verließ wütend die Filiale und rief sofort Herrn Ebermann an, den er persönlich gut aus dem Vorstand des Golfclubs kannte. »Was habt ihr mit Frau Weber gemacht?« schimpfte er; er sagte, er werde in der Filiale nicht mehr bedient und drohte, in Zukunft zur Sparkasse zu gehen. Herr Ebermann war völlig konsterniert, versuchte Herrn Maxmann zu beruhigen und versprach ihm, sich kundig zu machen und ihm so bald wie möglich eine Rückmeldung zu geben.
Noch immer erschrocken und nachdenklich legte Direktor Ebermann den Hörer auf. Wenn Herr Maxmann zur Sparkasse gehen würde, wäre das natürlich eine Katastrophe. Herr Maxmann hatte vor zwei Jahren die Firma an seinen Sohn übergeben, die Geschäfte liefen eigentlich gut. Aber natürlich musste er die Sache mit Vorrang klären, und dann würde er seinen alten Freund auch wieder beruhigen können.
Mehr Sorgen machte ihm im Moment Frau Weber. Er hatte schon vor längerer Zeit gehört, dass es in A-Dorf Gerede gebe. Vor allem Herr Ahaus hatte bei internen Sitzungen der Geschäftskundenbank wegen Herrn Maxmann Bemerkungen über Frau Weber gemacht. Ebenso hatte Frau Edel – wenn auch vorsichtiger – bei ihrem Abteilungsleiter, Herrn Stadler angemahnt, dass Herr Maxmann Senior doch eigentlich als Privatkunde zu sehen sei. Und jetzt erinnerte er sich wieder, dass Herr Thaler, der Abteilungsleiter der Geschäftskundenbank – am Rande einer Vorstandssitzung, die Forderung von Herrn Ahaus erwähnte, der Vorstand sollte die Zuordnung von Herrn Maxmann Senior endlich entscheiden. Dabei wurde Frau Seemann, die Abteilungsleiterin der Service-Bank, gebeten, mit Frau Weber zu sprechen. So schien es zu dieser unglücklichen Situation gekommen zu sein.
Er bat seine Assistentin, mit einem ihm bekannten Berater und Mediator schnellstmöglich einen Termin zu vereinbaren. Sobald er etwas klarer sah, würde er selbst mit Frau Weber sprechen.

3.2.2 Die Erarbeitung des Mediationsplans

Bei komplexen Konfliktbearbeitungen ist eine gute Gestaltung der Vorphase von zentraler Bedeutung. In dieser Phase geht es nur um die Erarbeitung eines Verfahrens der Konfliktbearbeitung, noch nicht um die zur Debatte stehenden Themen. Dies hat Auswirkungen im System: es gab eine Entscheidung, den Konflikt zu bearbeiten; es gab erste Gespräche, die in den meisten Fällen schon zu einer Beruhigung im System führen. Ziel der Vorphase ist es, den Rahmen und die Schritte der Bearbeitung des Konflikts klar zu bestimmen.

Grundlage für die Erarbeitung des Mediationsplans ist die Auswertung der Informationen, die aus der Auftragsklärung und den Einzelgesprächen gewonnen wurden. Diese Informationen werden zu einer Gesamtsicht des Konflikts verarbeitet.

Dabei konzentriert sich diese Arbeit nicht auf das Problem und seine Lösung, sondern einzig und allein auf die Gestaltung eines Verfahrens, damit die Konfliktbeteiligten und die Verantwortlichen der Organisation selbst zu einer Lösung kommen. Die Konzentration auf das Verfahren ist umso wichtiger, je komplexer der Konflikt ist und je mehr Ebenen einbezogen sind.

Um diese »Roadmap« der Konfliktbearbeitung zu erstellen, sind sechs Schritte sinnvoll:

1. Die systemische Einordnung
2. Die Definition des Konflikts
3. Die Analyse der Eskalation des Konflikts
4. Die Entscheidung über die Bearbeitungsrichtung
5. Die Auswahl der Techniken
6. Das Design (Mediationsplan)

3.2.3 Die systemische Einordnung

Da Konflikte häufig schon weit fortgeschritten sind, wenn eine Anfrage an den Mediator gestellt wird, ist es wichtig zu überlegen, ob und welche Sofortmaßnahmen notwendig sind, um eine weitere Eskalation zu verhindern.

Vor allem bei komplexen Konflikten ist es sinnvoll, sich erst einmal einen Überblick über die Beteiligten zu verschaffen. Dazu ist das »Stakeholder-Modell« ein geeignetes Instrument. In einer Skizze wird festgehalten, wer direkt, indirekt und als Zuschauer beteiligt ist.

Stakeholdermodell

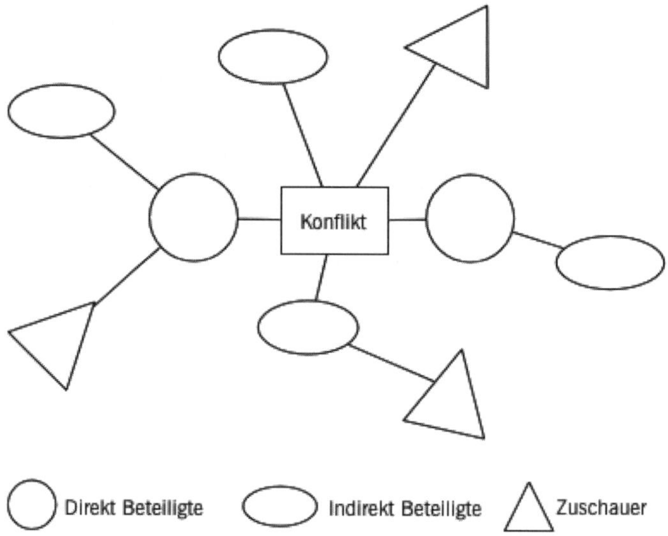

Abb. 3.7 Stakeholdermodell

Wer ist an dem Konflikt beteiligt, wer ist indirekt davon betroffen und welche Bedeutung hat der Konflikt für das Unternehmen?

Diese und andere Fragen sind wichtig, um ein angemessenes Design für eine Konfliktbearbeitung entwerfen zu können. Je nach Situation und Auftrag wählt der Mediator eine Methode der Darstellung aus und erstellt ein Bild. Ein Bild, das deutlich macht, welche Personen in welcher Form an dem Konflikt beteiligt sind und vor allem, wie der Konflikt in der Organisation einzuordnen ist und welche »Wirkungen« er im System hat.

Die Systemzeichnung ist neben stärker schematisch ausgerichteten Zeichnungen wie Organigramm eine Methode, Beziehungen zu verdeutlichen und Positionen – unabhängig von Rollen – deutlich zu machen. Themen wie Macht, Einfluss oder Widerstand werden sichtbar, ebenso Spannungs- oder Konfliktfelder.

Bei der Systemzeichnung geht es im Gegensatz zum Organigramm nicht um Objektivität, Vollständigkeit und das genaue Rollenverhältnis einzelner Personen, sondern um das Sichtbar machen erlebter Arbeitsbeziehungen, um das Verdeutlichen von Nähe und Distanz von unbewussten Wahrnehmungen oder von Konflikten.

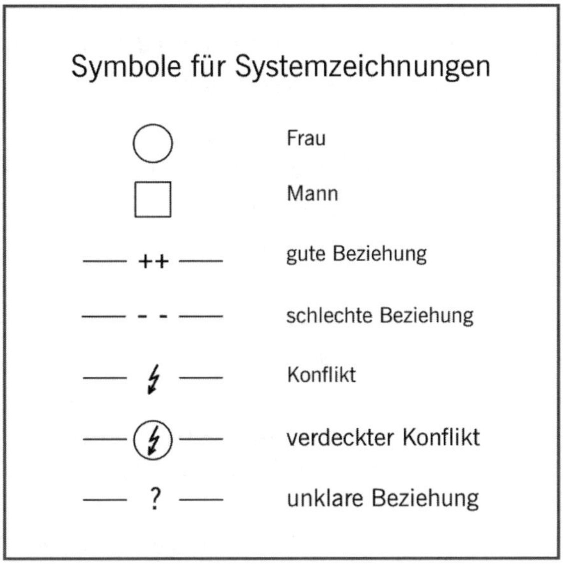

Abb. 3.8 Systemzeichnung

Im Beispielfall Kundenbank wurde – ausgehend vom Organigramm – eine Konflikt-Kontext-Zeichnung erstellt. Sie zeigt deutlich, dass in dem Konflikt in A-Dorf alle relevanten Personen der Bank einbezogen sind und dass es Verbindungen durch alle Ebenen gibt.

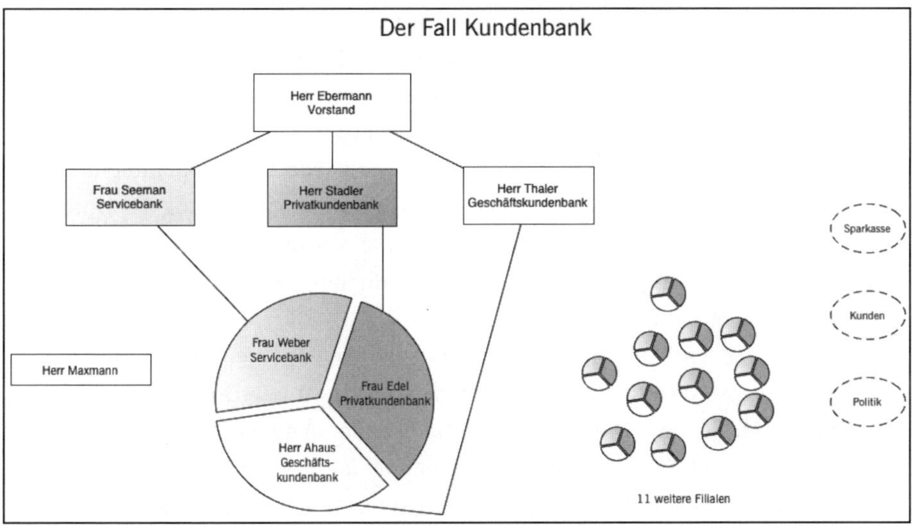

Abb. 3.9 Konflikt-Kontextzeichnung im Fall Kundenbank

Überlegungen zur Gestaltung des Settings anhand des Falles Kundenbank

1. Systemische Einordnung – Organisationskultur

Diese Konfliktbearbeitung bewegt sich in der Banken-Branche. In dieser Branche wird zwischen Geschäftsbanken und Kundenbanken unterschieden. Als Geschäftsbanken werden die großen, international auch im Investment-Bereich tätigen Banken wie Deutsche Bank, Commerzbank usw. bezeichnet. Die lokal und regional tätigen Sparkassen und Volksbanken werden Kundenbanken genannt. Diese Volksbank ist im ländlichen Bereich als Volksbank mit 12 Filialen in einem Landkreis tätig. Die Filialen pflegen einen engen Kontakt zu ihren Kunden und viele Geschäfte werden in der direkten Kommunikation zwischen Unternehmern und Bankberatern getätigt. Die handelnden Personen kennen sich über viele Jahre und sind in unterschiedlichen Bereichen miteinander verbunden.

So wie Herr Ebermann und Herr Maxmann, die gemeinsam im Vorstand des Golfclubs sitzen. Daher ist der sich anbahnende Konflikt mit Herrn Maxmann für die Volksbank existenziell. Wenn Herr Maxmann mit seiner Firma zur lokalen Konkurrenz der Sparkasse ginge, könnte das unübersehbare Folgen haben. Ein weiteres Risiko liegt im Inneren. Banken im Allgemeinen – auch diese Volksbank – sind sehr hierarchisch geprägte Organisationen. Vor fünf Jahren wurde in dieser Volksbank das 3-Banken-System eingeführt. Das 3-Banken-System – die Organisation der Bank in den drei Säulen Servicebank, Privatkundenbank und Geschäftskundenbank – erfordert eine Einteilung der Kunden in eine der drei Säulen. Bei Unklarheiten entstehen Konflikte zwischen den Säulen – vor allem, da auch die Erträge den einzelnen Säulen zugeordnet werden.

Bei Herrn Maxmann ist diese Unklarheit offensichtlich. Her Ahaus und Herr Thaler bezeichnen ihn als Geschäftskunden. Frau Edel und Herr Stadler bezeichnen ihn als Privatkunden, da er ja aus der Geschäftsführung des Unternehmens ausgeschieden ist und Herr Maxmann selbst möchte seine Angelegenheiten mit Frau Weber besprechen, mit der ihn eine langjährige Zusammenarbeit verbindet.

Die Klärung in A-Dorf wird in der Zentrale und den anderen Filialen mit größtem Interesse verfolgt werden. Denn die Konkurrenz in A-Dorf spiegelt sich auch in der Zentrale wieder. Gleichzeitig herrscht in der Volksbank eine zum Kalten neigende Konfliktkultur. Probleme und unterschiedliche Interessen werden meist nicht direkt angesprochen, sondern schwelen in der Organisation, bis sie ein Ventil finden. Das bedeutet, dass mit dem aktuellen Regelungsdruck wegen der Causa Maxmann noch viele andere verdrängte oder nicht beachtete Konflikte an die Oberfläche kommen und die Regelung der Hauptsache behindern können.

3.2.4 Die Definition des Konflikts

In der Konflikt-Kontext-Zeichnung wird der Konflikt in seiner ganzen Komplexität und seinen vielfachen Verästelungen in der Organisation betrachtet. In den folgenden Schritten werden verfahrensrelevante Einzelaspekte herausgearbeitet, um Entscheidungen für das Verfahren treffen zu können. Dazu werden Komplexität reduzierende, direkt anwendbare Instrumente und Modelle genutzt.

Die von Kurt Faller entwickelte Konflikt-Triade-1 wird eingesetzt, um eine genaue Definition des Konflikts vorzunehmen.

Die Triade der systemischen Konfliktbearbeitung

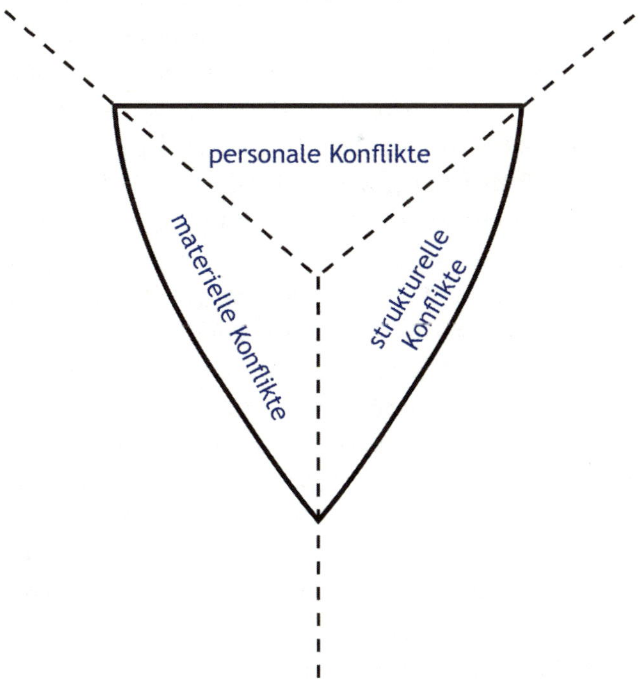

Abb. 3.10 Triade 1

Die Konflikt-Triade zeigt, dass Konflikte in Organisationen unterschiedliche Aspekte haben. Sie unterscheidet zwischen personalen, materiellen und strukturellen Aspekten. Diese Unterscheidung ist aber nicht absolut zu sehen, in den meisten Konfliktsituationen in Organisationen sind alle drei Aspekte erkennbar. Deshalb ist es sinnvoll, zunächst die vorhandenen Informationen zu dem Konflikt zu sortieren und in die entsprechenden Felder einzutragen.

Nach der Herausarbeitung der verschiedenen Aspekte des Konflikts wird die Konfliktanalyse erweitert und einige Gesichtspunkte werden genauer betrachtet mit dem Ziel, das Verfahren der Konfliktbearbeitung klarer bestimmen zu können.

Überlegungen zur Gestaltung des Settings anhand des Falles Kundenbank

2. Definition des Konfliktes

Betrachtet man den Fall Kundenbank mit der Konflikt-Triade, so wird deutlich, dass es relevante Aspekte auf allen drei Ebenen gibt. Sowohl in der Zentrale als auch in A-Dorf sind deutliche personale Konflikte zu erkennen. Und beide Konflikte haben mit Frau Weber zu tun. Im Vorstand kämpft Frau Seemann noch immer um eine gleichberechtigte Akzeptanz. Sowohl bei ihren Vorstandskollegen als auch bei den Mitarbeitenden wird sie als 2. Wahl nach der Absage von Frau Weber bezeichnet und immer wieder indirekt daran erinnert. Diese Unsicherheit führte wohl auch dazu, dass sie den Beschluss, Frau Weber solle sich nicht mehr vorrangig mit Herrn Maxmann beschäftigen, unglücklich an Frau Weber vermittelte, was dann zum Konfliktauslöser wurde. Da sie als Verantwortliche für die Service-Bank für Frau Weber zuständig ist, wird sie von ihren Kollegen für das Desaster mitverantwortlich gemacht.
In A-Dorf wiederum wird jetzt offensichtlich, dass die Kooperation und das Arbeitsklima schon länger gestört waren: Frau Weber und Frau Edel beklagten sich über das unkollegiale und oft unfreundliche Verhalten von Herrn Ahaus. Herr Ahaus monierte, dass Frau Weber nicht loslassen könne und von den meisten Kunden immer noch in ihrer früheren Position angesprochen werde. Und er ließ anklingen, dass er als Vertreter der Geschäftskundenbank in A-Dorf die wichtigste Säule des 3-Banken-Systems repräsentiere.
Auch das war ein Hinweis, dass es in diesem Konflikt erhebliche strukturelle Aspekte gab. Die Aufteilung in die drei Geschäftsbereiche war von oben verordnet worden. In den Filialen gab es keinen Prozess, in dem die Beteiligten die veränderten Positionen besprechen und aushandeln konnten. So fühlten sich manche – nicht nur in A-Dorf – degradiert und andere meinten, ihre neue Position betonen zu müssen. Vor allem aber wurden so die Kontakte mit den Kunden, die häufig auf langfristigen Beziehungen beruhten, verändert. Aufgrund der zum Kalten neigenden Konfliktkultur wurde die Auseinandersetzung um »Grenzfälle« bei der Kundenzuweisung eher indirekt oder über die Zentrale geführt.

Auch materielle Aspekte – um Einfluss, Bedeutung und Positionen – sind in diesem Konflikt bedeutsam.

Diese schwelenden Konflikte banden viel Energie im Inneren, was hohe Konfliktkosten erzeugte.

3.2.5 Die Eskalation des Konflikts

Ungelöste Konflikte haben die Tendenz, sich zu verstärken und zu eskalieren. Friedrich Glasl hat dies im Modell der Eskalationsskala verdeutlicht. In der Lebensrealität sind die einzelnen Stufen nicht immer deutlich voneinander abzugrenzen: manche Konflikte dehnen sich innerhalb von kurzer Zeit über verschiedene Stufen aus, verschiedene Stufen verschmelzen oder es werden Stufen übersprungen. *(Glasl 2013: 235 ff.)*

Die Eskalationsstufen nach F. Glasl

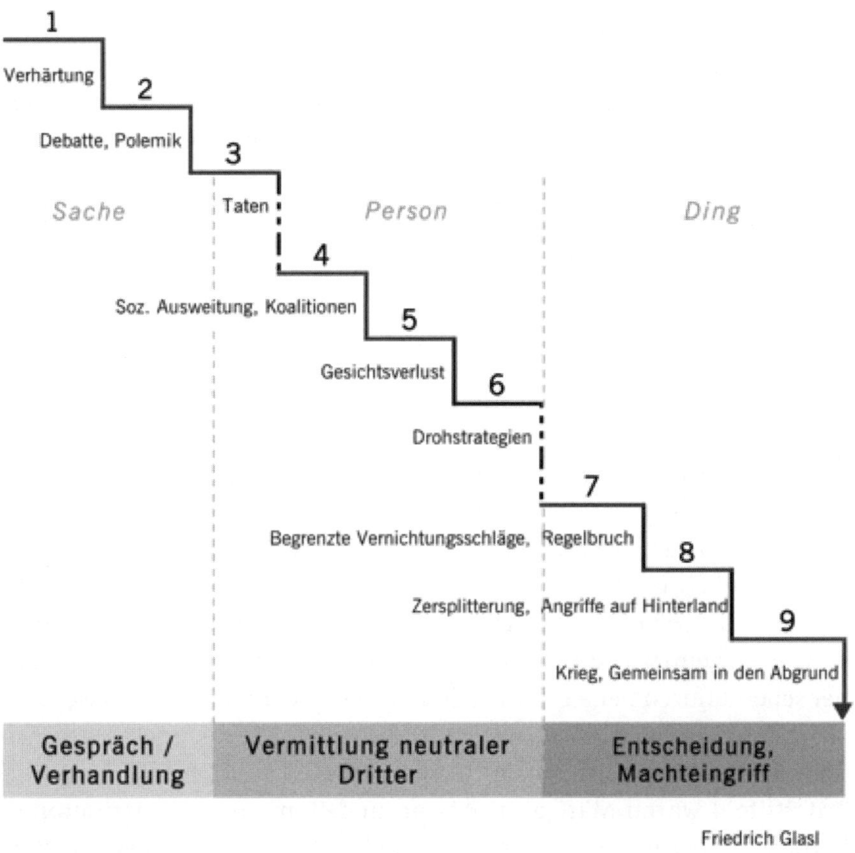

Abb. 3.11 Eskalationsskala nach F. Glasl

Die Stufen

Stufe 1 · Verhärtung

Kennzeichen dieser Phase sind Kommunikationsstörungen, Verhärtungen und Verkrampfungen. Es finden engagierte Diskussionen statt, in denen Argumente ausgetauscht werden, ohne dass die eine Seite die andere überzeugen kann. Der Tonfall verschärft sich etwas, was sich aber durch Entschuldigungen noch wieder ausgleichen lässt.

Stufe 2 · Debatte und Polemik

Die Streitenden gehen kaum noch gegenseitig auf die vorgebrachten Argumente ein. Recht zu haben und den eigenen Standpunkt in ein gutes Licht zu rücken, ist bereits genauso wichtig wie die inhaltliche Auseinandersetzung.

Stufe 3 · Taten statt Worte

Die vielen Debatten sind in Sackgassen gelandet. Die Konfliktparteien glauben nicht mehr daran, dass sie einander durch Worte erreichen und überzeugen können und dass durch Gespräche eine Lösung der bestehenden Differenzen gefunden werden kann. So entsteht die Überzeugung: *»Nicht Worte, sondern Taten sind entscheidend«*. Die Menschen formieren sich erst hier zu Parteien, die sich nach außen hin abschließen.

Stufe 4 · Images und Koalitionen

Mit den folgenden Eskalationsschritten nimmt der Abstand zwischen den Konfliktparteien dramatisch zu. Wenn sie sich bisher nur über bestimmte Verhaltensweisen geärgert haben, so wachsen nun die verschiedenen, als typisch erlebten Muster zu einem Gesamtbild der Konfliktparteien zusammen. Andere werden mit hinein gezogen und es ist kaum möglich, neutral zu bleiben. Man ist entweder dafür oder dagegen. Jede Konfliktpartei macht sich von der eigenen Seite ein positives Bild, von der Gegenpartei ein negatives. Das bestehende Urteil über den Gegner scheint durch neue Erfahrungen immer wieder bestätigt zu werden.

Stufe 5 · Gesichtsverlust

Auf Stufe 4 waren Mängel in Wissen und Können sowie irritierende Verhaltensweisen der Kern der Feindbilder. Durch verschiedene Umstände glaubt plötzlich eine Partei, die wahren, verwerflichen Absichten des Feindes zu durchschauen. Kränkungen und Beleidigungen sind jetzt keine Ausrutscher mehr, sondern beabsichtigt. Der Glaube an die moralische Integrität des Gegners ist verloren gegangen. Die bisher als negativ wahrgenommenen Eigenschaften des Gegners erscheinen sich als viel schlimmer zu entpuppen. Dass auch die anderen positive Motive haben könnten, wird nicht mehr wahrgenommen.

Stufe 6 · Drohstrategien

Die Parteien präsentieren ihre Forderungen und möchten einander zum Nachgeben zwingen. Damit ihre Forderung erfüllt wird, wird eine Bestrafung oder Sanktion angedroht. Um von der Gegenseite ernst genommen zu werden, muss gezeigt werden, dass man tatsächlich bereit und in der Lage ist, die Sanktion umzusetzen. Drohungen werden in der Regel mit Gegendrohungen beantwortet.

Stufe 7 · Begrenzte Vernichtungsschläge

Drohungen werden in Taten umgesetzt. Die Konfliktparteien behandeln einander nur noch als »Ding«. Es ist ihnen durchaus klar, dass es nichts mehr zu gewinnen gibt. Entscheidend ist nur, ob der Verlust auf der gegnerischen Seite größer ist als der eigene Schaden, was als Gewinn definiert wird. Schaden des anderen wird zur Freude.

Stufe 8 · Zersplitterung des Feindes

Hat sich auf Stufe 7 der Schaden noch einigermaßen in Grenzen gehalten, so wird nun mit jedem Schlag und Gegenschlag die Dosis erhöht. Es geht ums Ganze. Der Gegner soll zugrunde gerichtet werden, materiell und/oder geistig und/oder psychisch.

Stufe 9 · Gemeinsam in den Abgrund

Die feindlichen Parteien sehen keinen Weg mehr zurück. Die totale Konfrontation zielt auf die endgültige Vernichtung des Gegners. Es genügt, dass wenigstens eine Partei bereit ist, bis zum Äußersten zu gehen, auch wenn dies zur Selbstvernichtung führen sollte. Wenn die Eskalation die Schwelle zur Stufe 9 überschritten hat, kann sogar im eigenen Untergang insofern ein Triumph erlebt werden, als der Gegner mit in den Abgrund gerissen wird. Eine Besonderheit in interkulturellen Konflikten liegt darin, dass sehr schnell zugespitzte Reaktionen entstehen können, Konflikte von Stufe 3 zu Stufe 7 eskalieren und die dazwischen liegenden Stufen übersprungen werden. Dies ist wichtig für die Diagnosestellung und die sich daraus anschließenden Interventionen. Für die Bearbeitung ist bedeutsam, dass der Weg zurück ebenso temporeich sein kann und schnell Vereinbarungen/Lösungen entstehen können.

Interventionen

Die Eskalationsskala ist ein Instrument für den Mediator,

- eine Analyse des Konfliktes vorzunehmen,
- die geeignete Methode der Konfliktbeilegung zu wählen und
- die Gestaltung des Settings zu planen.

Je nach Eskalationsgrad stehen verschiedene Methoden und Techniken mit unterschiedlichen Auswirkungen zur Verfügung. Eine zu schwache Intervention auf einer hohen Eskalationsstufe ist nicht wirksam, eine starke Intervention in einem frühen Eskalationsstadium kann zu massiv wirken.

Die Bedeutung der »Tiefe« eines Konflikts liefert wesentliche Hinweise für das Vorgehen. So kann man sagen, dass bei Stufe 1 und 2 ein Klärungsgespräch, Supervision oder persönliches Coaching als Intervention ausreichend sind.

Bei Stufe 3–6 ist Mediation sinnvoll. Denn es sind die beiden Grundvoraussetzungen für den Einsatz der dritten Partei gegeben: die Beteiligten sind nicht mehr in der Lage, den Konflikt im direkten Gespräch zu klären. Dazu sind die Abneigung und das Misstrauen schon zu stark. Aber sie haben noch den Wunsch, eine Lösung zu finden und sie sind noch bereit, daran mitzuarbeiten. Mediation ist auch dann möglich, wenn die Kontrahenten zwar an einer Lösung mitarbeiten wollen, aber nicht bereit sind, sich mit der anderen Person an einen Tisch zu setzen. Hier haben sich Shuttle-Techniken in der Mediation bewährt.

Ab Stufe 7 ist bei innerbetrieblichen Konflikten der Einsatz von Mediation meist nicht mehr wirkungsvoll. Hier ist im Sinne der Beteiligten und auch des Unternehmens eine Machtentscheidung der Leitung effektiver. Bei materiellen Konflikten bringt eine Konfliktkostenberechnung oft größere Klarheit. Interessant sind hier nicht nur die Höhe der Konfliktkosten, sondern auch die Orte, an denen Konfliktkosten entstehen.

Überlegungen zur Gestaltung des Settings anhand des Falles Kundenbank

3. Eskalation des Konflikts

Im Fall Kundenbank bewegen sich die Konflikte im Wesentlichen auf Stufe 3, in A-Dorf mit einer deutlichen Tendenz zu 4. Das heißt, dass die Konfliktaustragung noch überwiegend auf der Sachebene stattfindet und noch keine verfestigten negativen Bilder der anderen Personen entstanden sind.

Für die Planung der Interventionen bedeutet dies, dass auf der Vorstandsebene die Konfliktbearbeitung im Rahmen der üblichen internen Kommunikation, also bei den regulären Sitzungen und Meetings mit Hilfe der Moderation des Mediators bewältigt werden kann, während in A-Dorf ein mediatives Setting mit dem Team sinnvoll ist.

3.2.6 Die Entscheidung über die Bearbeitungsrichtung

Wenn der Mediator die bisherigen Informationen systematisch eingeordnet, die Aspekte des Konflikts herausgearbeitet und näher betrachtet hat, ist er in der Lage, eine Entscheidung über die Bearbeitungsrichtung zu fällen. Aus der Logik der Konflikt-Triade ergeben sich drei Richtungen.

- Stehen personale Konflikte im Vordergrund, werden diese in der Logik des klassischen Settings der Mediation bearbeitet. Das heißt, es wird ein Rahmen für die Bearbeitung der einzelnen Konflikte geschaffen, es werden klassische Mediationsprozesse durchgeführt und deren Ergebnisse werden wieder in Struktur und Abläufe integriert.
- Stehen materielle Aspekte im Vordergrund – um Geld, Positionen, Gratifikationen oder Zuständigkeiten – wird der Konflikt eher im Sinne einer Verhandlung bearbeitet. Die Verhandlungstechnik ist von den Prinzipien des Harvard-Konzeptes abgeleitet. Das Verhandeln nach dem Harvard-Konzept entspricht am ehesten der Grundhaltung und der Arbeitsweise in der Mediation. Beim Verhandeln in der Mediation geht es im Wesentlichen um die Klärung und Aushandlung von Sachfragen. Die emotionalen Belange und Betroffenheiten spielen eher im Hintergrund eine Rolle. Das bedeutet, die dritte Phase der Mediation – die Herausarbeitung der persönlichen Bedürfnisse und Interessen – ist nicht so zentral wie im klassischen Setting.
- Stehen überwiegend strukturelle Aspekte im Vordergrund, so ist die Konfliktbearbeitung eng mit den Strukturen und Zielen der Organisation und Elementen der Personal- und Organisationsentwicklung verbunden. Denn ein struktureller Konflikt ist immer ein Hinweis darauf, dass in der Struktur der Organisation, den einzelnen Arbeitsabläufen, der Klärung von Schnittstellen oder Definition von Rollen etwas nicht stimmt. Die Konfliktbearbeitung ist hier primär eine Mediation »nach vorne«. Es geht vor allem um Festlegungen und Regelungen für die Zukunft, erst in zweiter Hinsicht um die Aufarbeitung von Problemen der Vergangenheit.

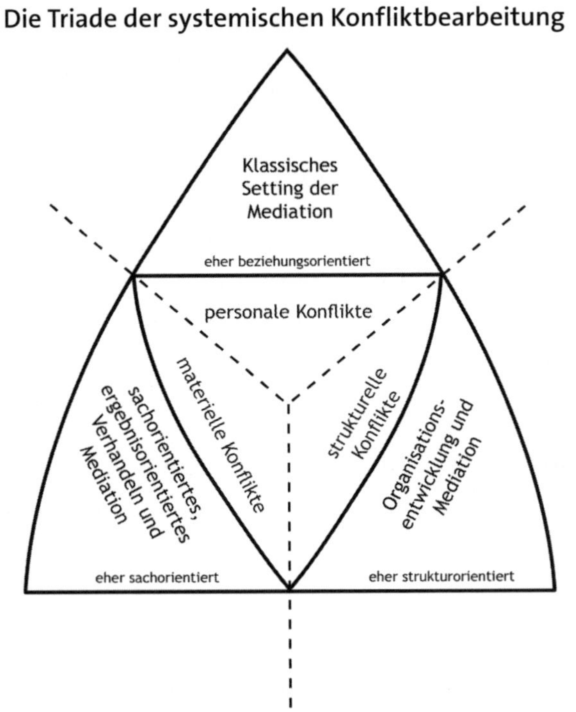

Abb. 3.12 Triade 2

Überlegungen zur Gestaltung des Settings anhand des Falles Kundenbank

4. Entscheidung über die Bearbeitungsrichtung

Alle bisherigen Überlegungen weisen darauf hin, dass die strukturellen Aspekte in diesem Konflikt überwiegen. Die Vorgehensweise in der Bearbeitung ist daher eher strukturorientiert und bezieht Elemente der Organisationsentwicklung mit ein. Vor allem ist für den Wirtschaftsmediator zu bedenken, dass in einem derart systemischen Konflikt jedes Ergebnis im Einzelfall Folgen für die anderen Filialen und die Gesamtorganisation hat.

3.2.7 Die Auswahl der Techniken

Für unterschiedliche Situationen und Konfliktkonstellationen sind unterschiedliche Techniken notwendig. Die von Kurt Faller entwickelten und beschriebenen zwölf Techniken sind wie ein variabel einsetzbarer Werkzeugkasten zu nutzen.

12 Techniken der systemischen Konfliktbearbeitung in Organisationen
Arbeit mit Einzelnen 1. Konfliktberatung 2. Systemisches Coaching
Arbeit mit zwei Parteien 3. Klassisches Setting 4. Shuttle-Mediation 5. Verhandeln in der Mediation
Arbeit mit Gruppen 6. Teamkonfliktmoderation 7. Gruppenmediation 8. Verhandeln zwischen Gruppen 9. Großgruppenmediation
Verankerte Techniken 10. Mediative Beratung 11. Transfer-orientierte Teamentwicklung 12. Strukturierter Klärungsdialog

Abb. 3.13 Techniken der systemischen Konfliktbearbeitung in Organisationen

- Nr. 1 – Konfliktberatung und Nr. 2 – Systemisches Coaching / Konfliktcoaching sind in der Arbeit mit einzelnen Personen einsetzbar.
- Die klassischen Mediationstechniken Nr. 3 – Das klassische Setting, Nr. 4 – Shuttle-Mediation sowie Nr. 5 – Verhandeln in der Mediation – finden Anwendung bei Konflikten zwischen zwei Personen.
- Bei Konflikten in Gruppen kann man Nr. 6 – Teamkonfliktmoderation, Nr. 7 – Gruppen-Mediation und Nr. 8 – Verhandlung zwischen Gruppen sowie Nr. 9 – Großgruppenmediation wählen.
- Etwas komplizierter sind die sogenannten »verankerten« Techniken Nr. 10 – Arbeit mit Mediativen Beratern, Nr. 11 – Transferorientierte Teamentwicklung und Nr. 12 – Strukturierter Klärungsdialog.

Diese Techniken sind vor allem bei sich wiederholenden Konflikten in Veränderungsprozessen als Teil eines strategischen Konfliktmanagements sinnvoll.

Die Triade der systemischen Konfliktbearbeitung

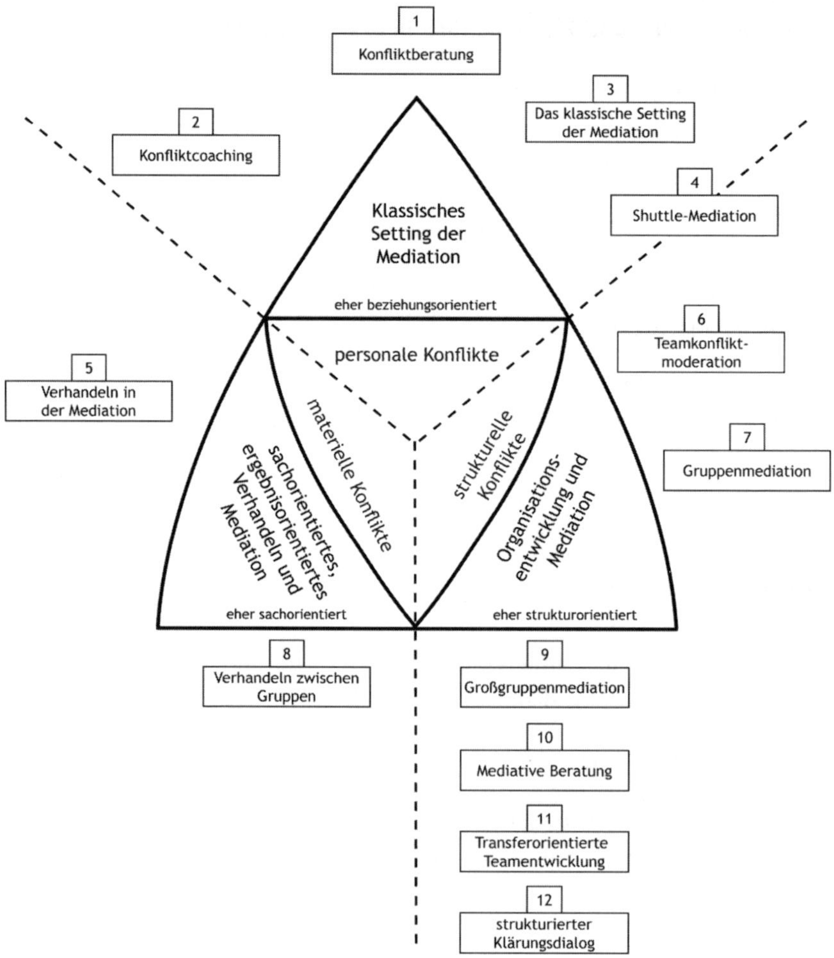

Abb. 3.14 Triade 3

Überlegungen zur Gestaltung des Settings anhand des Falles Kundenbank

5. Die Auswahl der Techniken

Da in diesem Fall eher strukturorientiert vorgegangen wird, sind unterschiedliche Interventionen sinnvoll. Als erstes erfolgt entsprechend der Kultur eine Klärung der wichtigsten Fragen auf der Vorstandsebene.
Da Herr Ebermann Frau Seemann beauftragt hat, für die nächsten Sitzung einen Vorschlag für den Fall Maxmann zu entwickeln, ist ein Coaching in Form eines Entscheidungscoachings in Erwägung zu ziehen. Eventuell auch

eine Moderation dieser Sitzung durch den Wirtschaftsmediator. Danach könnte eine Teamkonfliktmoderation in A-Dorf stattfinden. Falls sich inzwischen zeigt, dass es in anderen Filialen vergleichbare Probleme gibt, bietet sich ein Vorgehen mit der Technik Nr. 12 Strukturierter Klärungsdialog an.

3.2.8 Das Design der Konfliktbearbeitung

Nach diesen fünf Schritten verfügt das Mediatoren-Team über genügend Informationen und Entscheidungsalternativen, um ein Design – also einen konkreten Mediationsplan – zu erstellen. Anhand der folgenden Leitfragen wird das gesamte Material noch einmal in Ruhe durchgearbeitet und gewichtet.

3.2.9 Leitfragen

I. Was ist sofort zu tun?

Sind schnelle Interventionen möglich und notwendig, um eine weitere Eskalation zu verhindern?

Müssen einzelne Parteien besonders unterstützt werden, um sich auf eine Konfliktbearbeitung einlassen zu können?

II. Leitende Gedanken

für die Bearbeitung des Konflikts und die Planung des Verfahrens

1. Rahmen
   - Wie ist der Konflikt in die Struktur der Organisation und in die Arbeitsabläufe einzuordnen?
   - Welche Bedeutung hat er für die Gesamtorganisation?
   - Wie hoch sind die Konfliktkosten?
   - Welche anderen Abteilungen und Hierarchieebenen berührt der Konflikt?
2. Konfliktkultur
   - Wie werden derartige Konflikte üblicherweise bearbeitet?
   - Wie hoch ist die Zufriedenheit mit den bisherigen Ergebnissen der Konfliktbearbeitung?
   - Welcher Führungsstil ist in der Organisation bestimmend?
   - Welche Kommunikations- und Vermittlungstechniken kennen die beteiligten Personen?
3. Issues
   - Um was geht es?

- Welche Themen sind erkennbar?
- Welche Issues sind mit welchen Parteien verknüpft?
- Wie weit kennen die Parteien die Issues der Gegenseite?
- Wie stark sind die Parteien inhaltlich auf die Issues fixiert?
- Beziehen sich die Issues stärker auf die Sach- oder die Beziehungsebene?

4. Eskalation
   - Wie tief ist der Konflikt eskaliert?
   - Ist der Konflikt zurzeit in einer eher kalten oder heißen Phase?
   - Gibt es erkennbare Wendepunkte in dem Konflikt?
   - Konfliktebenen
   - Welche Konfliktebene ist bestimmend für den Konflikt?
   - Welche anderen Konfliktebenen spielen eine Rolle?
5. Instrumente der Konfliktbearbeitung
   - Welche Vor- und Nachteile haben die einzelnen Techniken in diesem Konflikt?
   - Auf welche Form der Bearbeitung können sich die Beteiligten am ehesten einlassen?
   - Wie viel Zeit steht für die Bearbeitung zur Verfügung?

3.2.10 Der Mediationsplan

Ausgangspunkt für die Erarbeitung des Mediationsplans sind das Gesamtinteresse des Unternehmens und die Bedeutung des konkreten Konflikts – anhand der Einschätzung durch die systemische Einordnung. Von der Einschätzung der Organisationskultur hängt es ab, mit welchen Ebenen in der Organisation in welcher Reihenfolge gearbeitet wird. Bei hierarchisch orientierten Organisationen ist es oft wichtig, dass die Führung zunächst den inhaltlichen und zeitlichen Rahmen vorgibt. In eher dialogisch orientierten Unternehmen mit flacher Hierarchie hat die Führung häufig eher das Interesse, die Ergebnisse der konkreten Konfliktbearbeitung in weitere Überlegungen einzubeziehen. Bei der Regelung personaler Konflikte will die Führung manchmal nur wissen, ob der Konflikt geregelt ist, bei materiellen und strukturellen Konfliktbearbeitungen muss sie einbezogen werden.

Wenn die Ebenen und Ziele festgelegt sind, werden die einzelnen Schritte in ihrer zeitlichen Abfolge, der Bestimmung der Teilnehmer an den einzelnen Sitzungen und der Festlegung der Räumlichkeiten beschrieben.

Gliederungspunkte eines Mediationsplans sind:
- Ausgangssituation
- Ziele
- Schritt 1
  was, wer, wie, wann, wo ...?
- Schritt 2
  was, wer, wie, wann, wo ...?

Der Mediationsplan im Fall Kundenbank könnte folgendermaßen aussehen:

Ausgangssituation
Der Konflikt um die Einordnung von Herrn Maxmann ist für die Volksbank ein gravierender Konflikt mit möglicherweise weitreichenden Folgen für die Stellung des Unternehmens am Markt, die Stabilität der inneren Struktur und die Qualität der Arbeitsbeziehungen in den Filialen. Die Regelung dieses Konflikts hat daher hohe Priorität.

Ziele
1. Die Unstimmigkeiten bzgl. Herrn Maxmann so zu klären, dass Herr Maxmann als Kunde rundum zufrieden ist und seine langjährige Geschäftsbeziehung mit der Volksbank fortsetzt.
2. Das 3-Banken-System als interne Strukturierung der Arbeit so zu festigen, dass die Ergebnisse verbessert und die Position der Volksbank am Markt gestärkt wird.
3. Die Kooperation in A-Dorf so zu verbessern, dass die Kundenorientierung erhöht wird.
4. Weitere mögliche Unklarheiten in anderen Filialen zu erkennen und präventiv zu regeln.

Schritte
1. Unterstützung von Frau Seemann im Rahmen eines Coachings bei der Erarbeitung eines Vorschlags, der Herrn Maxmann angeboten wird.
2. Moderation der Vorstandssitzung durch den Mediator Herrn ..., in der der Vorschlag von Frau Seemann diskutiert und verabschiedet werden soll.
3. Teamkonfliktmoderation mit dem Team der Filiale in A-Dorf (2*3 Stunden) mit dem Ziel, den beschlossenen Rahmen in der Arbeit mit Herrn Maxmann gemeinsam umzusetzen und die entstandenen Probleme zu klären.
4. Moderation einer eintägigen Klausurveranstaltung des Vorstands, um die bisherigen Ergebnisse zu reflektieren und weitere Maßnahmen zu beschließen.

5. Mögliche weitere Klärungsprozesse in anderen Filialen.
6. Ein Training für alle Führungskräfte zum Thema »Umgang mit Konflikten« und »Führen mit Mediationskompetenz« (2*2 Tage) zur Weiterentwicklung einer konstruktiven Konfliktkultur.

3.3 Die Vertragsgestaltung

Der Gesetzgeber hat im Mediationsgesetz Standards für das Mediationsverfahren in Deutschland normativ verbindlich gemacht. Damit ist ein rechtlich verbindlicher Rahmen geschaffen worden, auf den sich alle Beteiligten beziehen können.

So hat der Mediator die Aufgabe, die Parteien zu Beginn über Inhalt, Ablauf und Ziele des Mediationsverfahrens zu informieren.

> »Er wirkt darauf hin, dass die Parteien in einer Mediationsvereinbarung untereinander grundlegende Kommunikations- Verhaltens und Verfahrensregeln vereinbaren. Darüber hinaus sollen die Parteien in einem Vertrag mit dem Mediator die Leistungspflichten der Parteien und des Mediators festlegen (sog. Mediationsvertrag).« *(Carl in Trenczek/Berning/Lenz 2013: 488)*

Das Mediationsgesetz (Auszug)

»§1 Begriffsbestimmungen

(1) Mediation ist ein vertrauliches und strukturiertes Verfahren, bei dem Parteien mithilfe eines oder mehrerer Mediatoren freiwillig und eigenverantwortlich eine einvernehmliche Beilegung ihres Konflikts anstreben.
(2) Ein Mediator ist eine unabhängige und neutrale Person ohne Entscheidungsbefugnis, die die Parteien durch die Mediation führt.

§ 2 Verfahren; Aufgaben des Mediators

(1) Die Parteien wählen den Mediator aus.
(2) Der Mediator vergewissert sich, dass die Parteien die Grundsätze und den Ablauf des Mediationsverfahrens verstanden haben und freiwillig an der Mediation teilnehmen.
(3) Der Mediator ist allen Parteien gleichermaßen verpflichtet. Er fördert die Kommunikation der Parteien und gewährleistet, dass die Parteien in angemessener und fairer Weise in die Mediation

eingebunden sind. Er kann im allseitigen Einverständnis getrennte Gespräche mit den Parteien führen.

(4) Dritte können nur mit Zustimmung aller Parteien in die Mediation einbezogen werden.

(5) Die Parteien können die Mediation jederzeit beenden. Der Mediator kann die Mediation beenden, insbesondere wenn er der Auffassung ist, dass eine eigenverantwortliche Kommunikation oder eine Einigung der Parteien nicht zu erwarten ist.

(6) Der Mediator wirkt im Falle einer Einigung darauf hin, dass die Parteien die Vereinbarung in Kenntnis der Sachlage treffen und ihren Inhalt verstehen. Er hat die Parteien, die ohne fachliche Beratung an der Mediation teilnehmen, auf die Möglichkeit hinzuweisen, die Vereinbarung bei Bedarf durch externe Berater überprüfen zu lassen. Mit Zustimmung der Parteien kann die erzielte Einigung in einer Abschlussvereinbarung dokumentiert werden.

§ 4 Verschwiegenheitspflicht

Der Mediator und die in die Durchführung des Mediationsverfahrens eingebundenen Personen sind zur Verschwiegenheit verpflichtet, soweit gesetzlich nichts anderes geregelt ist. Diese Pflicht bezieht sich auf alles, was ihnen in Ausübung ihrer Tätigkeit bekannt geworden ist. Ungeachtet anderer gesetzlicher Regelungen über die Verschwiegenheitspflicht gilt sie nicht, soweit

1. die Offenlegung des Inhalts der im Mediationsverfahren erzielten Vereinbarung zur Umsetzung oder Vollstreckung dieser Vereinbarung erforderlich ist,
2. die Offenlegung aus vorrangigen Gründen der öffentlichen Ordnung (ordre public) geboten ist, insbesondere um eine Gefährdung des Wohles eines Kindes oder eine schwerwiegende Beeinträchtigung der physischen oder psychischen Integrität einer Person abzuwenden, oder
3. es sich um Tatsachen handelt, die offenkundig sind oder ihrer Bedeutung nach keiner Geheimhaltung bedürfen.

Der Mediator hat die Parteien über den Umfang seiner Verschwiegenheitspflicht zu informieren.«

3.3.1 Die interne Mediationsvereinbarung

Die interne Mediationsvereinbarung wird zwischen den Parteien und der verantwortlichen Führungskraft und/oder der zuständigen Konfliktanlaufstelle abgeschlossen. In der internen Mediationsvereinbarung werden die Rechte und Pflichten der Parteien und der zuständigen Stelle im Unternehmen geregelt. Das bezieht sich vor allem auf folgende Punkte

- Anlass für das Verfahren
- Gemeinsam vereinbarte Ziele
- Benennung des Mediators
- Teilnehmer an der Mediation
- Vereinbartes Vorgehen
- Festlegung der Vertraulichkeit
- Umgang mit den Ergebnissen
- Termine/Ort/Zeit

In der Mediationsvereinbarung kann auch festgelegt werden, in welcher Weise die verantwortliche Führungskraft an der Mediation teilnimmt. In vielen innerbetrieblichen Mediationen war es sehr hilfreich, wenn die Führungskraft zu Beginn der Mediation ihre Erwartungen geäußert und zum Abschluss der Mediation die Ergebnisse und ihre Umsetzung mit den Parteien besprochen hat.

3.3.2 Der Mediationsvertrag

In dem Mediations- oder Mediatorvertrag werden die Rechte und Pflichten zwischen dem Unternehmen und dem externen Mediator festgelegt. Der Mediationsvertrag regelt neben den verabredeten Schritten des Mediationsplans auch die Vertraulichkeit und Fragen des Honorars

In der bisherigen Praxis entsteht der Mediationsvertrag meist dadurch, dass der externe Mediator ein Angebot an den Auftraggeber richtet. Wird dieses Angebot akzeptiert, ist der Mediationsvertrag abgeschlossen.

Sehr geehrte Frau ...

vielen Dank für Ihre Anfrage. Nach unserem Gespräch und dem Einstieg in den Klärungsprozess möchte ich Ihnen das detaillierte Angebot übersenden.

Ziel des verabredeten Klärungsprozesses ist es

- die Kooperation der Vertriebsleiterin, Frau ... und der Leitung Verkauf, Herrn ... zu verbessern
- entstandene persönliche Differenzen und Unstimmigkeiten zu klären

Leitende Gedanken

- Konflikte zwischen Führungskräften haben immer erhebliche Wirkungen in der Organisation. Sie haben Wirkungen auf die Führungskultur und auf das Verhalten der unterstellten Mitarbeiter. Beides ist im vorhandenen Konflikt offensichtlich.
- In einer Vertriebsorganisation besteht die Gefahr von Auswirkungen auf der Kundenseite. Es ist wichtig, dass der Vertrieb eine positive Stimmung nach außen bringt.
- Beide Führungskräfte haben deutlich gemacht, dass sie an einer Klärung arbeiten wollen. Damit ist eine gute Grundlage für eine Mediation geschaffen.
- Um persönliche und organisatorische Aspekte angemessen zu berücksichtigen, ist eine Kombination von gemeinsamen Gesprächen und Einzelgesprächen sinnvoll.
- Die Vertriebsleitung wird am Anfang und am Ende in den Prozess einbezogen.
- Der Mediator ist verantwortlich für die Gestaltung des Prozesses. Die Verantwortung für Inhalte und Ergebnisse bleibt bei den Medianden. Der Mediator ist an strikte Vertraulichkeit gebunden. Die Medianen verabreden, was in welcher Form nach außen kommuniziert wird.

Daher schlage ich folgendes Vorgehen vor:

1. Tag Gestaltung des Settings

- Einordnung in das System
- Sichtung der Themen, Verhandlung zum Verfahren

2. Tag Positionen und Interessen

- Position der Vertriebsleitung
- Strukturiertes gemeinsames Gespräch - Positionen, Anlässe, Themen
- Erarbeitung der Agenda für die Klärung
- Einzelgespräche
- Gemeinsames Gespräch zu Interessen und Hintergründen
- Gemeinsame Erarbeitung der Kriterien für Lösungsansätze

3. Tag Ergebnisse und Verabredungen

- Gemeinsame Sichtung der Lösungsideen
- Verhandeln der einzelnen Punkte
- Schriftliche Fixierung der wichtigsten Ergebnisse
- Abschließendes Gespräch mit Vertriebsleitung

Der Honorarsatz für einen Tag beträgt ... Euro zzgl. Spesen und MwSt.
Daraus ergibt sich ein Budget-Rahmen von ... Euro zzgl. Spesen und MwSt.

Abb. 3.15 Angebot

Kapitel 4. Verfahren und Techniken der innerbetrieblichen Konfliktbearbeitung – Arbeit mit Einzelnen

Nach dem Aufbau einer engen Kooperationsbeziehung zwischen internen und externen Konfliktmanagern sowie einer sorgfältigen Vorbereitung und Planung ist die professionelle Arbeit mit dem Werkzeugkasten der zwölf Techniken der innerbetrieblichen Konfliktbearbeitung der dritte große Schwerpunkt des MEDIUS-Konzeptes der systemischen Wirtschaftsmediation.

Dieser Werkzeugkasten hat sich in 15-jähriger Arbeit in Praxis und Lehre allmählich entwickelt und wird sich durch neue Erfahrungen auch weiterhin verändern. Bei Konfliktbearbeitungen in Unternehmen und Organisationen wurde in verschiedenen Situationen deutlich, dass zur Zielerreichung unterschiedliche Wege eingeschlagen und differenzierte Instrumente eingesetzt werden mussten.

Dies motivierte die Autoren, neben der Ausbildung in Mediation Weiterbildungen in systemischer Organisationberatung, systemischem Coaching, Großgruppentechniken und systemischem Strategiemanagement zu absolvieren. So flossen auf der Basis der mediativen Haltung Techniken und Instrumente aus den anderen Beratungsdisziplinen in die innerbetriebliche Konfliktbearbeitung ein.

Die Lehrtätigkeit an der Ruhr-Universität Bochum und anderen Hochschulen motivierte zusätzlich, die praktischen Erfahrungen zu reflektieren und didaktisch aufbereitet niederzuschreiben. Gleichzeitig wurden einzelne Techniken von Kolleginnen und Kollegen übernommen und in ihren Fällen angewendet. Ihre Rückmeldungen gaben wieder wertvolle Hinweise zur Weiterentwicklung. So ist der Werkzeugkasten in seiner jetzigen Form entstanden und bewährt sich in der praktischen Arbeit.

Während professionelle Wirtschaftsmediatoren sich eher Anregungen holen, um sie mit ihren Herangehensweisen zu kombinieren, hat sich der Werkzeugkasten für interne Mediatoren, die neben ihrer beruflichen Haupttätigkeit nur ab und zu Mediationen durchführen, sehr bewährt. *»Ich habe vor kurzem Euer Shuttle mit Freude und großem Erfolg ausprobiert«* schrieb kürzlich ein interner Mediator, der als Führungskraft in einem größeren Unternehmen auch Mitglied des internen Mediatoren-Pools ist.

Es schafft in Auftragsgesprächen zusätzliches Vertrauen, wenn die verantwortlichen Führungskräfte oder Vertreter der internen Konfliktanlaufstellen einen detaillierten Eindruck von den möglichen Interventionstechniken haben. Dadurch entsteht eine Kommunikation auf Augenhöhe zwischen internen Verantwortlichen und externen Beratern. Das wird auch bei längeren Kooperationsbeziehungen deutlich, wenn ein Personalchef z. B. nicht nur sagt »wir haben in der Abteilung A ein Problem«, sondern »wir halten eine Teamkonfliktmoderation in Abteilung A für sinnvoll«.

Der Werkzeugkasten enthält Instrumente und Techniken für unterschiedliche Konfliktkonstellationen und Konfliktfelder. So sind die Abteilungen für die Arbeit mit Einzelnen, mit zwei Personen oder Gruppen entstanden. Komplexer sind die sogenannten »verankerten Techniken«, die für eine längerfristige Begleitung in wichtigen Abläufen, in Teams oder zum Vermitteln zwischen Hierarchien angewandt werden und besonders sorgfältig in die Struktur und Abläufe integriert werden müssen. Gleichzeitig werden einzelne Techniken eher in personalen, materiellen oder strukturellen Konflikten eingesetzt. Neben Techniken, die eindeutig einer Konfliktart zuzuordnen sind, wie das klassische Setting der Mediation für die Bearbeitung vorwiegend personaler Konflikte oder das Verhandeln in der Mediation für die Bearbeitung eher materieller Konflikte, können andere Techniken wie die Teamkonfliktmoderation mit unterschiedlichen Schwerpunktsetzungen zur Bearbeitung aller drei Konfliktarten eingesetzt werden.

Der MEDIUS-Werkzeugkasten für die innerbetriebliche Konfliktberatung

Arbeit mit Einzelnen	Technik Nr. 1 Konfliktberatung (P) (M) (S)	Technik Nr. 2 Systemisches Coaching (P) (M) (S)		
Arbeit mit zwei Parteien	Technik Nr. 3 Das Klassische Setting der Mediation (P)	Technik Nr. 4 Shuttle-Mediation (P) (M)	Technik Nr. 5 Verhandeln in der Mediation (M)	
Arbeit mit Gruppen	Technik Nr. 6 Teamkonfliktmoderation (P) (M) (S)	Technik Nr. 7 Gruppenmediation (M) (S)	Technik Nr. 8 Verhandeln zwischen Gruppen (M)	Technik Nr. 9 Großgruppenmediation (M) (S)
Verankerte Techniken	Technik Nr. 10 Mediative Beratung (S)	Technik Nr. 11 Transferorientierte Teamentwicklung (S)	Technik Nr. 12 Strukturierter Klärungsdialog (P) (M) (S)	

(P) eher personale Konflikte
(M) eher materielle Konflikte
(S) eher strukturelle Konflikte

Abb. 4.1 MEDIUS Werkzeugkasten

Auch wenn dieser Werkzeugkasten in vielen Situationen genutzt werden kann, so ist er doch keine Einladung für schematische Anwendungen. Jede Situation, jeder Konflikt und jede Organisation ist anders und benötigt die gleiche Sorgfalt in der Vorbereitung und der Anpassung der Interventionen. Auch hier gilt die alte Weisheit: »Der Weg entsteht im Gehen.«

Beratung und Coaching im Kontext – Arbeit mit Einzelnen

Im innerbetrieblichen Kontext arbeitet der Wirtschaftsmediator bei komplexen Konfliktbearbeitungen häufig mit einzelnen Personen. Es sind zwei Techniken, die oft zur Anwendung kommen: Technik Nr. 1 – Konfliktberatung und Technik Nr. 2 – Systemisches Coaching.

4.1 Technik Nr. 1: Konfliktberatung

In innerbetrieblichen Konflikten geht es nicht nur um die Klärung einzelner Konfliktsituationen, sondern fast immer auch um Positionen, Macht, die Gefährdung der Rolle oder Funktion, bis hin zu existentiellen Fragen wie dem Erhalt des Arbeitsplatzes. Die Personen müssen in der Konfliktregelung immer mehrere Faktoren bedenken. Dazu ist Unterstützung durch Konfliktberatung hilfreich, um die eigenen Ziele zu reflektieren und überlegt und klug zu reagieren.

4.1.1 Grundlagen

In der Konfliktberatung sind zwei Ebenen zu trennen:

1. Die Lösung, das Ergebnis, das die Person erreichen will.
2. Das Verfahren, durch das eine Lösung erreicht werden soll.

Ziel einer Konfliktberatung ist es, die zu beratende Person zu unterstützen,

- den Konflikt besser einordnen zu können
- eigene Anteile am Konflikt zu verstehen
- eigene Handlungsoptionen und mögliche Lösungswege zu erkennen
- ein Verfahren zur Bearbeitung des Konfliktes zu erarbeiten, das dem Ratsuchenden entspricht.

4.1.2 Formen der Anwendung

Konfliktberatung kann intern und extern eingesetzt werden. Im Organisationszusammenhang wird sie von internen Beratern, ausgebildeten Vertretern der klassischen Konfliktanlaufstellen oder Konfliktlotsen angeboten. Wird die Konfliktberatung schon bei niedrigschwelligen Konflikten frühzeitig in Anspruch genommen, fördert dies die Autonomie und Konfliktfähigkeit der ratsuchenden Personen, Eskalationen können verhindert werden. Führungskräfte nehmen oft externe Berater in Anspruch, um Wege zu finden, mit komplexen Konfliktsituationen umzugehen.

4.1.3 Ablauf: Die 7 Schritte der Konfliktberatung

1. Schritt: Einen ruhigen Rahmen schaffen

- äußere Bedingungen
- vereinbarte Zeit
- Ziele
- Verfahren

2. Schritt: Das Problem beschreiben

Mögliche Fragen:

- Wie stellt sich das Problem für Sie dar?
- Wie lange besteht es schon?
- Was wird passieren, wenn das Problem nicht gelöst wird?
- Wenn Sie an andere Probleme denken, mit denen Sie umgehen müssen und im Vergleich dieses Problem auf einer Skala von 1 bis 10 einordnen, wo würden Sie es einordnen?

3. Schritt: Das Problem einordnen

Eine hilfreiche Technik ist hier die Erstellung eines Stakeholder-Modells.

Mögliche Fragen:

- Wer ist direkt an dem Konflikt beteiligt?
- Wer ist indirekt davon betroffen?
- Wer bekommt diesen Konflikt im Umfeld noch mit und ist quasi Zuschauer?

4. Schritt: Die unterschiedlichen Sichtweisen und Interessen benennen

Mögliche Fragen:

- Welche Positionen haben die Beteiligten aus Ihrer Sicht?
- Welche Interessen verfolgen sie Ihrer Meinung nach?
- Wie gehen die Personen miteinander um?
- In welchen Punkten im Arbeitsprozess müssen die beteiligten Personen zusammenarbeiten?

5. Schritt: Die Ziele und Absichten heraus arbeiten

Mögliche Fragen:

- Was wollen Sie erreichen wenn Sie das Problem angehen?
- Was wäre für Sie das optimale Ergebnis?
- Womit könnten Sie noch leben?
- Was darf auf keinen Fall passieren?
- Was könnten Sie tun, um zu einer Lösung zu kommen?
- Was hat Sie bisher abgehalten, das zu tun?

6. Schritt: Das Verfahren klären

Mögliche Fragen:

- Was haben Sie bisher schon versucht, um das Problem zu lösen?
- Warum hat das Ihrer Meinung nach nicht zu einem Ergebnis geführt?

- Welche unterschiedlichen Möglichkeiten, das Problem zu bearbeiten, gibt es Ihrer Meinung nach?
- Ich kenne noch folgende Varianten: 1 ... 2 ... 3 ...
  Lassen Sie uns diese Varianten einzeln durchsprechen, damit Sie eine Entscheidung treffen können, welchen Weg Sie wählen werden.

7. Schritt: Das Vorgehen festlegen

Mögliche Fragen:

- Wenn Sie diesen Weg gehen, was wäre für Sie der erste Schritt?
- Wie gehen Sie dann weiter vor?
- An welchen Punkten brauchen Sie Unterstützung?

Beispiel

Ein Mitarbeiter hat einen Fehler gemacht, der einen deutlichen Mehraufwand für die Abteilung zur Folge hatte. Sein Chef hat ihn daraufhin sehr barsch vor den anderen Kollegen abgekanzelt. Dem Mitarbeiter ist sein Fehler bewusst, aber er ist enttäuscht und verärgert darüber, dass er keine Möglichkeit hatte, sich zu erklären und dass dies im Beisein der Kollegen stattfand. Er hat den Eindruck, dass der Chef seitdem an seiner Fachlichkeit zweifelt und andere Kollegen vorzieht. Der Mitarbeiter leidet unter der Situation und hat Sorge, durch unbedachtes Verhalten alles noch zu verschlimmern und wendet sich daraufhin an die interne Beratungsstelle.

Im Beratungsgespräch fragt die Beraterin nach der Vorgeschichte, nach der bisherigen Beziehung zum Chef und nach der Bedeutung des Problems für den Mitarbeiter. Der Mitarbeiter hat den Eindruck, dass sich einige Kollegen verändert verhalten und er hat die Sorge, im Team in die Rolle eines Sündenbockes zu geraten. Auch die Interessen und Belange des Chefs werden thematisiert.

Als Ziel benennt der Mitarbeiter, dass er gerne erklären würde, wie es zu dem Fehler kommen konnte, ohne sich zu rechtfertigen. Weiter möchte er von seinem Chef als kompetent wahrgenommen werden und von ihm nicht primär mit dem Fehler in Verbindung gebracht werden.

Bislang hat er abgewartet, dass der Chef das Gespräch mit ihm sucht bzw. selbst auf eine günstige Gelegenheit dazu gehofft. Beides ist nicht eingetreten.

Im Gespräch mit der Beraterin erarbeitet der Mitarbeiter eine Möglichkeit, wie er den Chef souverän um ein Gespräch bitten kann und einen Weg, dieses Gespräch zu führen.

4.2 Technik Nr. 2: Systemisches Coaching

Der Begriff Coaching hat sich als eine professionelle Form individueller Beratung im beruflichen Kontext etabliert. Er gibt allerdings viele unterschiedliche Herangehensweisen. Das Spektrum reicht von quasitherapeutischen Methoden bis hin zu direktiven Ratgebern.

4.2.1 Grundlagen

Coaching im Rahmen von Konfliktbearbeitungen ist Teil der Mediation. Der Mediator, der zeitweilig in die Rolle eines Coaches geht, bleibt Mediator. Die mediative Haltung ist die bestimmende Grundlage für alle Interventionen bei der Konfliktbearbeitung.

Der mediativ und systemisch arbeitende Coach gibt daher keine Ratschläge, sondern stellt Fragen und unterstützt den Kunden

- sein Problem und seine Situation von verschiedenen Seiten zu betrachten
- das Thema in den jeweiligen Kontext einzuordnen
- sich über seine Ziele klar zu werden
- sich seiner Rolle bewusst zu werden und sich in ihr sicher zu bewegen
- in Varianten zu denken und verschiedene Handlungsmöglichkeiten zu prüfen
- Entscheidungen zu treffen und die Wirkungen der Entscheidungen zu reflektieren
- zu handeln und die Wirkungen im System zu beobachten
- nach vorne zu denken und neue Perspektiven zu entwickeln.

In der Praxis hat sich gezeigt, dass diese unterschiedlichen Unterstützungsebenen nicht mit einer einzigen Methode erreicht werden können. Die Grundlage bildet das Konzept des Systemischen Coachings, das durch vier Methoden für Situationen, die bei innerbetrieblichen Konfliktbearbeitungen in der Arbeit mit Einzelnen häufig auftreten, erweitert wurde.

- Konfliktcoaching
  Der Coach begleitet einen Mitarbeiter oder eine Führungskraft, die einen Konflikt mit einer oder mehreren Personen selbständig ansprechen und klären will. Jeder Schritt wird im Coaching vorbereitet und danach reflektiert. Aus der amerikanischen Mediationsliteratur ist dafür der Begriff der »One-party-mediation« bekannt.

- Rollencoaching
  »In der Rolle zu bleiben« und »nicht aus der Rolle zu fallen« bzw. die eigene Rolle adäquat auszufüllen, ist für alle Beteiligten in innerbetrieblichen Konflikten entscheidend.
- Entscheidungscoaching
  Konflikte verengen immer Blickwinkel und Horizonte. Wenn aber in Konfliktlagen Entscheidungen zu treffen sind, muss der Blick wieder geweitet werden. Dazu dient die Arbeit mit dem Inneren und Äußeren System.
- Perspektivencoaching
  Gerade wenn die Gegenwart schwierig ist, hilft es, sich auf seine Ressourcen zu konzentrieren und in die Zukunft zu denken. Dies ist mit dem 6-Zonen-Modell des Perspektiven-Coachings möglich.

4.2.2 Das MEDIUS-Modell des systemischen Coaching

Astrid Schreyögg, die wohl führende Autorin zu Coaching, benennt zwei Ebenen von Coaching:

1. als eine innovative Maßnahme der Personalentwicklung
2. als Dialogform bei Freud und Leid im Beruf.

> »So dient Coaching auf der einen Seite zur Bewältigung von Krisen und Konflikten, andererseits zur Fortentwicklung von Einzelnen und von Kollektiven.« *(Schreyögg 2002: 20)*

Im systemischen Coaching werden diese beiden Ebenen immer wieder in der Triade Person-Gruppe-System betrachtet.

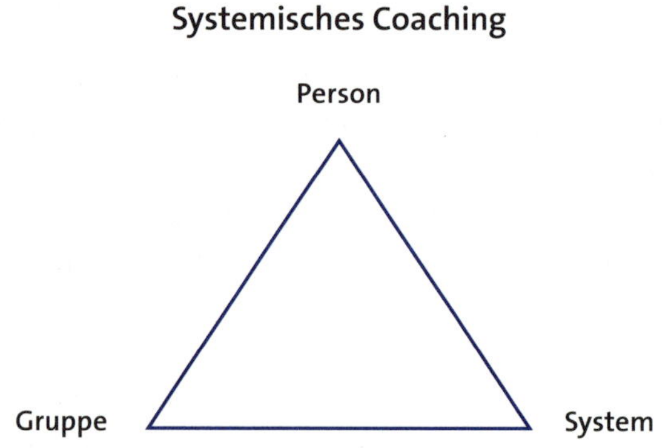

Abb. 4.2 Systemisches Coaching

Die Schritte:

Schritt 1: KONTAKT

- In Kontakt gehen
- Wodurch ist der Kontakt entstanden?
- Rahmenbedingungen klären
- Wertschätzung aufbauen
- Entscheidend: Stimmt die Chemie?

Schritt 2: THEMA

- Das Anliegen des Kunden herausarbeiten
- Handelt es ich um eine »Weg-von« oder eine »Hin-zu«-Aufgabe?

Schritt 3: SYSTEMISCHE EINORDNUNG

- In welchem Kontext ist das Anliegen zu sehen?
- Wer ist daran beteiligt oder davon betroffen?
- Wer hat welches Interesse an dem Anliegen?
- Wie sehen die Beziehungen der Beteiligten untereinander aus?

Schritt 4: ZIEL

- Was will der Kunde erreichen?
- Was soll verhindert werden?
- Was soll erhalten bleiben?
- Welche Ziele haben die Anderen?

Schritt 5: AUFTRAG

- Wie sieht der konkrete Auftrag aus?
- Was soll genau erreicht werden?
- Was soll der Coach tun, was der Coachee?
- Wie soll der Weg dahin aussehen?

Schritt 6: INTERESSEN

- Welche Interessen verbindet der Kunde mit dem Anliegen?
- Welche Interessen haben die Anderen?
- Welche Chancen zur Veränderung gibt es?

Schritt 7: VARIANTEN

- Welche Möglichkeiten zur Lösung gibt es?
- Welche Handlungsmöglichkeiten sind im System vorhanden?
- Welche anderen Möglichkeiten sind vorstellbar?

Schritt 8: ABWÄGUNG

- Welche Vor- und Nachteile haben die einzelnen Varianten?
- Wie sehen die Entscheidungskriterien aus?
- Was ist in welchen Zeiträumen umsetzbar?
- Woran ist ein Erfolg zu erkennen?
- Wer sollte beteiligt sein?
- Was sind die nächsten Schritte?

Schritt 9: UMSETZUNG

- Wie sehen die ersten Erfahrungen aus?
- Welche Hypothesen haben sich bestätigt, welche nicht?
- Was muss noch einmal neu bedacht werden?

Schritt 10: ABSCHLUSS

- Was ist im Rahmen des Coachings erreicht worden, was nicht?
- Wer muss über das Ergebnis informiert werden?
- Welche Möglichkeiten der Unterstützung gibt es im System?

4.2.3 Konfliktcoaching

Eine Führungs- oder Fachkraft sucht Beratung und Begleitung im Umgang mit einer schwierigen Situation oder bei der Bearbeitung eines Konflikts in ihrem Arbeitsbereich.

Grundlagen

Führungskräfte sind in ihrer Arbeit ständig mit schwierigen Situationen oder mit Konflikten bei Mitarbeitern, Kunden oder Zulieferern konfrontiert. Diese Situationen zu bewältigen ist Teil ihrer Managementaufgabe.

Durch das Konfliktcoaching mit einem internen oder externen Berater wird diese Fähigkeit der selbständigen Konfliktbearbeitung gestärkt.

Ziele:

- Mit der Führungskraft eine Strategie und ein konkretes Vorgehen entwickeln, um den Konflikt selbständig zu lösen.
- Umsetzungsschritte zur eigenständigen Bewältigung des Konfliktes mit der Führungskraft erarbeiten und diese Schritte gemeinsam reflektieren.
- Mit der Führungskraft die Ergebnisse reflektieren und mögliche

Veränderungen für zukünftige Situationen (Arbeitsstruktur, Mitarbeiterverhalten, Managementverhalten) entwickeln.

Schritte:

1. Schritt: Die Klärung des Auftrages

Gemeinsam mit der Führungskraft werden der Rahmen, die Zeitdauer und die Ziele des Coachings erarbeitet und kontraktiert.

2. Schritt: Die Erarbeitung des Vorgehens

In der Eingangssitzung werden mit der Führungskraft die Umstände, die beteiligten Personen, verschiedene Positionen und Interessen beleuchtet und ein für die Führungskraft sinnvolles Vorgehen erarbeitet. Dazu kann der Coach auch die Technik der Arbeit mit dem Äußeren und Inneren Team einsetzen.

3. Schritt: Die Begleitung der Umsetzung

Die Führungskraft setzt die besprochenen Maßnahmen in ihrem Arbeitsbereich um. In regelmäßigen Abständen bespricht der Berater die Entwicklung mit der Führungskraft.

4. Schritt: Die Auswertung der Ergebnisse

Wenn die Führungskraft erste Ergebnisse erzielt hat, wird in einem Abschlussgespräch der Prozess reflektiert und überlegt, welche Konsequenzen für den Umgang oder welche Veränderungen im Arbeitsablauf sinnvoll erscheinen.

Beispiel

Ein Abteilungsleiter schilderte in der Beratung folgende Situation:
Zwei Abteilungen seines Betriebes teilen sich zur Erledigung von Sekretariatsaufgaben einen Pool mit mehreren Mitarbeitern. Die Stimmung im Sekretariat und zwischen den Abteilungen wurde immer schlechter; Schreibkräfte beklagten sich über Überlastung, die Abteilungen beschwerten sich über die langsame Abarbeitung von Aufträgen, bis es zu einem Tumult im Sekretariat kam, woraufhin sich eine Schreibkraft krankmeldete. Seine Leitungskollegin forderte ihn verärgert auf, dafür zu sorgen, dass seine Abteilung nicht alle lästigen Arbeiten auf das Sekretariat abwälze.
Im Konfliktcoaching erarbeitete der Abteilungsleiter zunächst Wege des Umgangs mit der Schreibkraft, dem Sekretariat und seiner Leitungskollegin, um die Arbeitsfähigkeit wieder herzustellen. Im Coaching wurde ihm klar, dass

Unklarheiten über Aufgaben und Kapazitäten des Schreibpools sowie fehlende Strukturen und Absprachen dazu führten, immer mehr unangenehme Aufgaben dort »abzuladen«. Er hatte das Thema bislang eher als lästig abgetan, im Coaching erkannte er, dass es zu seinen Führungsaufgaben gehört, klare Arbeitsstrukturen zu schaffen und damit das Arbeitsklima zu sichern.

4.2.4 Rollencoaching

Die Gefahr, »aus der Rolle zu fallen« ist in Konfliktsituationen immer gegeben. Im Arbeitsleben kann das weitreichende Folgen haben. Es ist daher für Führungs- und Fachkräfte wichtig, im Vorfeld oder im Verlauf einer Konfliktbearbeitung über die eigene Rolle und ihre Ausgestaltung nachzudenken.

Grundlagen

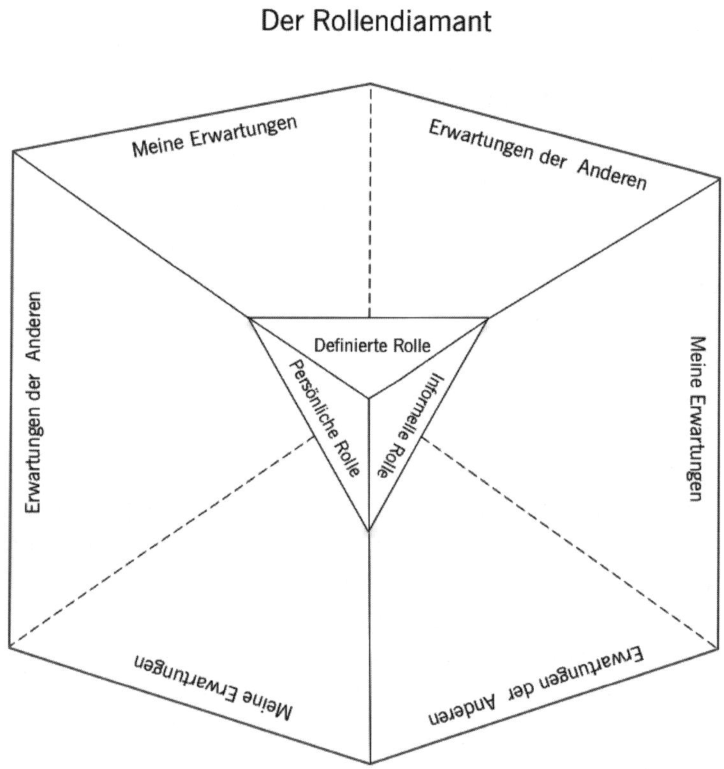

Abb. 4.3 Rollendiamant

Im Arbeitsleben werden Handeln und Verhalten stark von der Rolle im Unternehmen und im Team bestimmt. Genauer betrachtet sind es mehrere Rollen:

- Die definierte Rolle, also die offizielle Funktion in der Organisation, die in der Regel Grundlage des Arbeitsvertrages ist.
- Die informelle Rolle, d. h. die Art und Weise, wie die definierte Rolle ausgeübt wird. Die informelle Rolle wird bestimmt durch Dauer der Betriebszugehörigkeit, Kontakte, bei Führungskräften durch ihr Führungsverständnis usw.
- Die persönliche Rolle, die durch die eigene Entwicklung, persönliche Ziele und Lebensauffassungen geprägt ist.

Diese Rollen, die Menschen im normalen Leben gut miteinander in Einklang bringen, geraten im Konflikt häufig durcheinander. Personen »fallen aus der Rolle«. Sei es, dass sie aus persönlichen Gründen Dienstpflichten nicht beachten oder individuelle Grenzen anderer übertreten.

Rollencoaching ist in einer Konfliktbearbeitung ein Angebot, wieder »in die Rolle zu kommen«. Es ist als Einzelarbeit in verschiedenen Phasen der Konfliktbearbeitung sinnvoll.

Schritte

1. Der Mediator erläutert das Arbeitsblatt und die Vorgehensweise.
2. Er beginnt mit der definierten Rolle.
   Mögliche Fragen:
   - Wie sieht Ihre offizielle Rolle im Unternehmen aus?
   - Gibt es dazu genaue Bestimmungen in Ihrem Arbeitsvertrag oder in Ihrer Arbeitsplatzbeschreibung?
   - Wenn nicht, wie würden Sie Ihre Rollen genau definieren?
   - Seit wann haben Sie diese Rolle?
   - Haben sich Ihre Erwartungen bestätigt oder nicht?
   - Welche Erwartungen wurden Ihnen zu Beginn vermittelt?
   - Wurden Ihnen diese Erwartungen konkret mitgeteilt?
   - Wenn nicht, welche Vermutung haben Sie dazu?
   - Wer hat besondere Erwartungen an Sie?
3. Danach stellt er Fragen zur informellen Rolle:
   Mögliche Fragen:
   - Welche besonderen Erfahrungen und Kompetenzen bringen Sie in Ihre Arbeit ein?

– Was unterscheidet Ihr Herangehen von Kollegen in ähnlichen Funktionen?
– Was ist Ihnen in der Ausübung Ihrer Arbeit besonders wichtig?
– Was denken Sie, was andere gerade von Ihnen erwarten?

4. Danach stellt er Fragen zur persönlichen Rolle:
   Mögliche Fragen:
   – Was wollen Sie persönlich in dieser Funktion erreichen?
   – Welche Bedeutung hat diese Tätigkeit für Sie persönlich?
   – Was denken Sie, was die anderen von Ihnen als Person erwarten?

Beispiel

Eine Mitarbeiterin einer Behörde wurde innerhalb des Amtes zur Abteilungsleiterin befördert. Ihr Arbeitsfeld bestand aus zwei Abteilungen, so dass sie nicht die direkte Vorgesetzte ihrer bisherigen Kolleginnen wurde.
Schon nach wenigen Wochen fühlte sie sich stark belastet und hatte die Befürchtung, alles falsch zu machen, so dass sie ins Coaching kam.
Im Gespräch wurde deutlich, dass die Rolle zwar per Stellenbeschreibung definiert war, der Amtsleiter mit ihr aber nicht darüber gesprochen hatte, welche Erwartungen er konkret an sie hatte. So hatte sie oft das Gefühl, seinen Erwartungen nicht zu entsprechen. Sie fühlte sich zunehmend überlastet und war unsicher, ob die Arbeitsaufträge und Erwartungen mancher Kollegen zu ihrer Leitungstätigkeit gehörten oder ob sie diese ausführte, um sich nicht unbeliebt zu machen.
Ihr Vorgänger war ein sehr geschätzter Vorgesetzter gewesen, sein Weggang wurden von den meisten Mitarbeitenden bedauert. Dem Amtsleiter war er – so schloss sie aus manchen Äußerungen – eher zu nachgiebig und kollegial gewesen, so sagte er z. B. – da müsse sie jetzt hart durchgreifen, und bei den Klagen einiger Kollegen über Überlastung machte er deutlich, dass er damit nichts zu tun haben wolle. Die Erwartungen der Mitarbeitenden bestanden darin, mindestens so kollegial zu sein wie ihr Vorgänger und die des Amtsleiters, ihn nicht mit »Kleinigkeiten« zu belästigen. Ihr selbst war klar, dass sie ein gutes Arbeitsklima auf beiden Seiten brauchte und sie versuchte, alle Erwartungen zu erfüllen, was nicht leistbar war.
Ihr persönliches Bild von sich als Vorgesetzter war, möglichst kooperativ mit Mitarbeitenden zusammen zu arbeiten, Hintergründe zu erklären und Vorgehensweisen nachvollziehbar zu machen. Dies entsprach durchaus den Erwartungen der Mitarbeitenden, wurde aber schwierig, wenn diese andere Vorstellungen hatten.
Im Coaching wurden ihr die unterschiedlichen Rollen und Erwartungen deut-

lich, und sie entwickelte ihr Führungsbild weiter: sie behielt ihre kooperative Grundhaltung, traf jedoch auch unbequeme Entscheidungen, wenn es nötig war und ging offensiv die daraus resultierenden Konflikte an.
Sie fragte den Amtsleiter nach seinen konkreten Erwartungen und forderte Rückmeldung zu ihrer Tätigkeit der ersten Wochen ein. Dies gab ihr Sicherheit, und sie konnte sich dazu positionieren.

4.2.5 Entscheidungscoaching

Führungs- und Fachkräfte stehen immer wieder vor Situationen, Entscheidungen treffen zu müssen, deren Reichweite und Wirkung schwer abzuschätzen sind. Das Arbeiten mit dem Inneren und Äußeren System als Entscheidungscoaching bietet die Chance, alle relevanten Faktoren im Blick zu behalten und unterschiedliche Varianten zu durchdenken.

Arbeiten mit dem Inneren und Äußeren System

»Zwei Seelen wohnen, ach, in meiner Brust« heißt es in Goethes Faust und Friedrich Nietzsche soll gesagt haben: »was, nur zwei?«

Wenn Menschen Entscheidungen zu treffen haben, zeigen sich unterschiedliche, oft widerstreitende Vorstellungen und Impulse. Zusätzlich bewegen sie sich in Kontexten, von denen ihre Entscheidung abhängt und auf die ihre Entscheidung Auswirkungen hat.

Das Arbeiten mit dem Inneren und Äußeren System ist eine Coaching-Technik, die diese Voraussetzungen und Wirkungen transparent macht. Zur Aufstellung des Inneren und Äußeren Systems werden Figuren (Spielfiguren, Knöpfe o. ä.) verwandt.

Schritte

1. Genaue Beschreibung des Entscheidungsthemas Zur Fokussierung der Arbeit und zur Klärung der erforderlichen Zeitressourcen ist es wichtig, dass der Kunde das Thema, für das er die Unterstützung des Coaches möchte, möglichst genau definiert.

2. Stellen des Äußeren Systems Mit Figuren werden alle Personen und Gruppen aufgestellt, die für das Thema relevant sind. Dies sind – je nach Thema – neben wichtigen beruflichen Personen oft auch die privaten Bezüge des Kunden. Der Kunde wählt aus, welche Figur welche

Person repräsentiert. Der Kunde selbst stellt sich nicht durch eine Figur im Äußeren System dar.

3. Identifizieren des Inneren Systems Danach werden die wichtigsten Überlegungen und Motive, die den Kunden bewegen, herausgearbeitet, und ebenfalls über Figuren aufgestellt z. B. Verantwortungsgefühl, eigener Anspruch, berufliches Fortkommen usw.

4. Erarbeiten von Varianten Es werden mehrere Varianten für eine gute Lösung des Problems entwickelt. Wichtig ist, dass der Kunde nicht zu früh eine Variante favorisiert oder aufgrund von möglichen Schwierigkeiten eine Variante vorzeitig ausschließt. Die Varianten stehen zunächst unbewertet nebeneinander.

5. Freie Diskussion Nacheinander werden die verschiedenen Varianten aus der Sicht der Figuren betrachtet, beginnend mit den Figuren des Inneren Systems und dann des Äußeren Systems (Wie beurteilt der eigene Anspruch Variante 1, was bedeutet die Variante für das berufliche Weiterkommen, wie steht der Chef zu dieser Variante? Dann in Bezug auf die anderen Varianten usw.). Bei jeder Variante notiert der Coach, wie und mit welchen Argumenten sich Zustimmung und Ablehnung gewichten.

6. Entscheidung Nachdem alle Varianten besprochen sind, werden noch mal die für den Kunden zentralen Aspekte betrachtet. Oft entstehen dadurch neue Gesichtspunkte, die eine ganz andere Lösung nahe legen.

Kommentar
Durch die analoge Darstellungsform erkennt der Kunde oft neue Aspekte, die sein Verhalten leiten, die ihm jedoch bislang nicht oder nur teilweise bewusst waren – z. B. wie wichtig oder unwichtig ihm die Anerkennung der Kollegen/des Chefs ist oder welche Bedeutung Karriere für ihn hat.

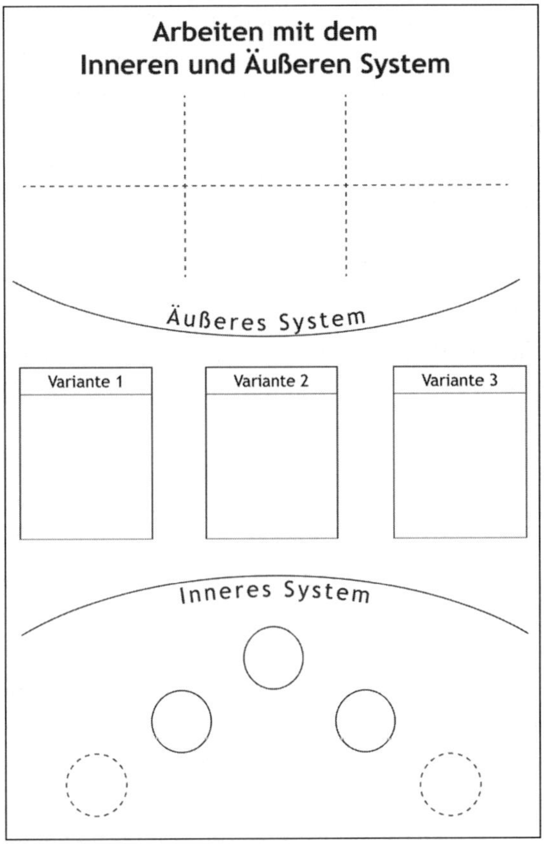

Abb. 4.4 Arbeiten mit dem Inneren und Äußeren System

Überlegungen anhand des Beispielfalles Kundenbank

Coaching Frau Seemann

Nach dem Debakel mit Herrn Maxmann in A-Dorf beauftragte Herr Ebermann die Leiterin der Service-Bank, Frau Seemann, für die nächste Vorstandssitzung einen detaillierten Vorschlag für die Betreuung von Herrn Maxmann in A-Dorf auszuarbeiten. Frau Seemann bat den Mediator, sie bei dieser Aufgabe zu unterstützen.

Der Coach erläuterte Frau Seemann die Vorgehensweise und die Figuren in dem mitgebrachten Kasten. In dem Kasten befinden sich Figuren in 3 Größen je nach Bedeutung, gendermäßig differenziert und in verschiedenen Farben.

1. Genaue Beschreibung des Entscheidungsthemas
   In dem Gespräch war das Entscheidungsthema schnell offensichtlich und das Dilemma auch. Auf der einen Seite stand der Wunsch des Kunden, mit Frau Weber zu arbeiten. Auf der anderen Seite sollte auf keinen Fall die Struktur – das 3-Banken-System – aufgeweicht werden. In mehreren anderen Filialen gab es vergleichbare Fälle.
2. Stellen des Äußeren Systems
   Frau Seemann stellte schnell ihre Vorstandskollegen, das Team in A-Dorf und Herrn Maxmann in das obere Feld. Nach einigen Nachfragen den Betriebsrat, der im Haus eine wichtige Rolle spielte, die anderen Filialen, die diesen Fall sehr genau beobachteten und die Sparkasse als wichtigsten Konkurrenten.
3. Identifizieren des Inneren Systems
   Der Coach fragte Frau Seemann nach ihren zentralen Überlegungen für eine Entscheidung. Schnell nannte sie die beiden Ziele, auf jeden Fall den Kunden zufriedenzustellen und die Struktur zu stärken. Dazu wählte sie zwei große Figuren. Im Gespräch gab sie der einen Figur den Namen »Erfolg«, der zweiten den Namen »Struktur«.
   Danach wählte sie zwei weitere Figuren für ihre persönlichen Überlegungen. Einmal das Thema, dass sie gerne mit dem Vorschlag ihre Position im Vorstand stärken würde. Immer wieder musste sie sich anhören, dass doch Frau Weber für diese Position vorgesehen war. Und zum anderen wollte sie auf keinen Fall Frau Weber – trotz ihres unglücklichen Verhaltens – in eine schwierige Situation bringen. Sie gab den Figuren die Namen »Status« und »Vorsicht«.
4. Erarbeitung von Varianten
   In diesem Schritt geht es darum, verschiedene Varianten zur Lösung zu entwickeln. In diesem Fall schlug der Coach vor, die 3 Ausgangsvarianten – Herr Maxmann wird
   1) von Frau Weber
   2) von Frau Edel
   3) von Herrn Ahaus

betreut als Ausgangspunkte zu nehmen und dann weitere Varianten zu entwickeln.

5. Freie Diskussion
   In der Freien Diskussion werden die Varianten nacheinander bearbeitet. Zuerst werden die einzelnen Figuren des Inneren Systems befragt, wie sie zu dieser Variante stehen. Der Coach notiert die Ergebnisse. Danach werden die Figuren im Äußeren System befragt. Bei der Diskussion der Ausgangsvarianten zeigte sich schnell, dass im Inneren System jeweils eine

der Hauptfiguren mit der Variante 1, 2, 3 nicht einverstanden war. Gleichzeitig brachte die Diskussion schon erste Ergebnisse für Frau Seemann. Sie kam zu der Überzeugung, dass Herr Maxmann heute als Privatkunde zu betrachten sei und Frau Edel die für ihn zuständige Fachkraft sei. Sie werde vorschlagen, den früheren Beschluss, ihn immer noch als Geschäftskunden zu betrachten, zu revidieren.
Dadurch, dass alle relevante Faktoren sichtbar auf dem Tisch standen, konnte sie frei andere Varianten überlegen und diese wiederum überprüfen, indem sie die jeweiligen Figuren befragte.

6. Entscheidung
   Ihr Vorschlag
   1) Herr Maxmann wird als Privatkunde geführt.
   2) Frau Weber steht für seine Betreuung zur Verfügung und führt die Erstgespräche.
   3) Bei Abschlüssen wird Frau Edel hinzugezogen, die den Fall abarbeitet.
   4) Wenn sich aus den Gesprächen Informationen zur Firma ergeben, werden diese an Herrn Ahaus weitergeleitet.

Der Vorschlag wurde in der Vorstandssitzung beschlossen und war Grundlage für die Teamkonfliktmoderation in A-Dorf.

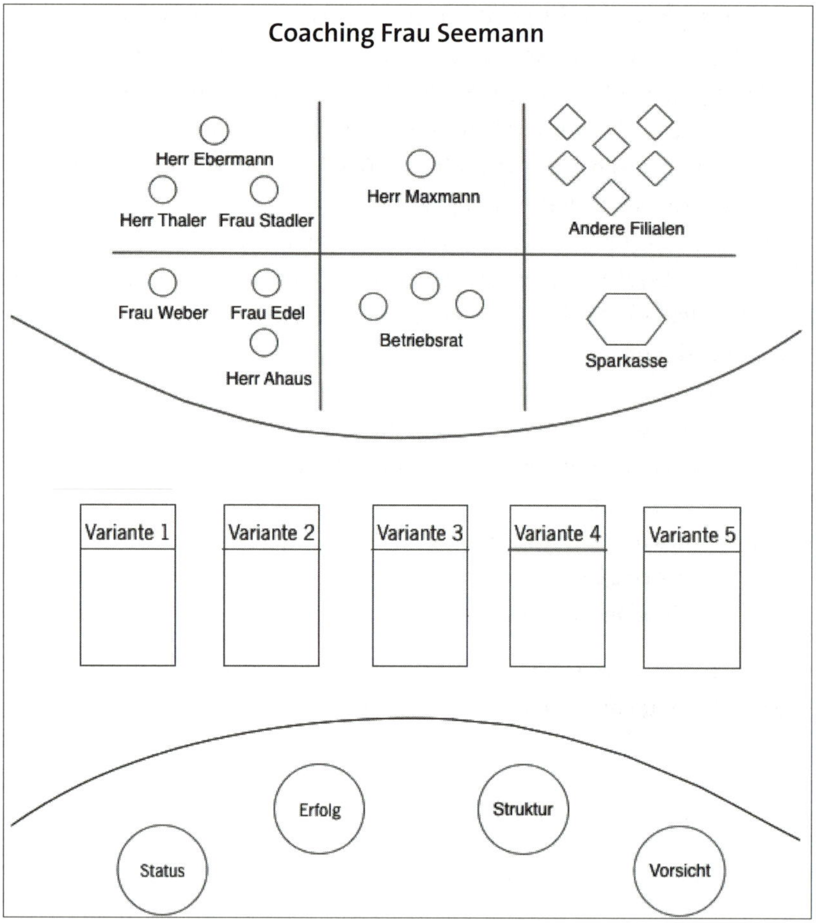

Abb. 4.5 Coaching Frau Seemann

4.2.6 Perspektivencoaching

Personen kommen häufig ins Coaching, um sich grundsätzlich und umfassend mit ihrer beruflichen Situation oder Position und mit den ihnen zur Verfügung stehenden Möglichkeiten auseinanderzusetzen.

Anlass dafür sind manchmal die Verstrickung in innerbetriebliche Konflikte, eine Bilanzierung des bisherigen Berufslebens und die Frage, wie die weitere Zukunft aussehen soll oder die Suche nach neuen Herausforderungen im oder außerhalb des Unternehmens.

Dafür hat Kurt Faller das 6-Zonen-Modell Perspektivencoaching entwickelt. Es beginnt mit einer ausführlichen Standortbestimmung mit den unmittelbaren und den bisherigen Erfahrungen und geht dann in das Feld der Vision mit Überlegungen zu langfristigen Lebensvisionen und konkreten Visionen für die nächsten 5 Jahre. Abgeschlossen wird der Prozess mit dem Thema Entwicklungsplanung mit weiteren Entwicklungen und der Planung der ersten konkreten Schritte. Dieser Dreischritt: Standortbestimmung – Vision – realistische Planung – ist angelehnt an die Idee der Zukunftswerkstätten, die Robert Jung in den 80er Jahren entwickelt hat. *(Jung/Robert 1994)*

Schritte

Das 6-Zonenmodell
Perspektiven-Coaching

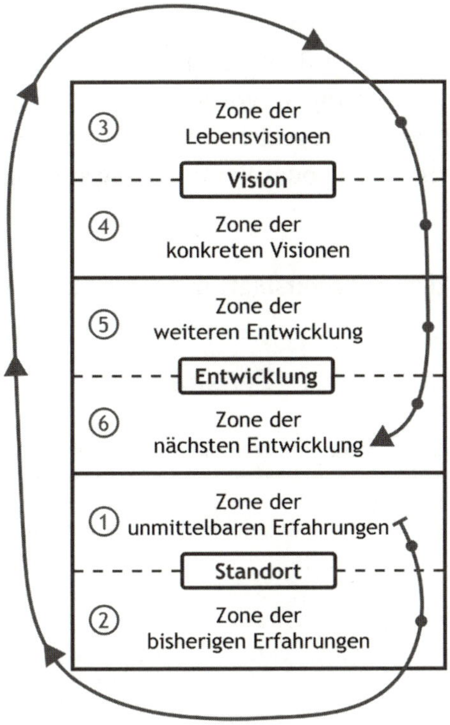

Abb. 4.6 Perspektivencoaching

Schritte und Methoden des Perspektiven-Coaching

Zone 1: Unmittelbare Erfahrung

In der Zone 1 geht es um die aktuelle Standortbestimmung und die systemische Einordnung des Themas mithilfe der Systemzeichnung.

Schritte:

1. Der Kunde spricht über seine aktuellen Bezüge und zeichnet sie auf einem großen Blatt auf.
2. Im Gespräch mit dem Coach ordnet er den Personen eine Bedeutung zu und zeichnet die Qualität der Beziehung anhand der Symbole in das Bild ein.
3. Der Coach fragt nach dem Verhältnis der Personen und Bezüge untereinander.
4. Der Kunde überlegt im Gespräch, welche dieser Beziehungen und Bezüge er auf jeden Fall erhalten oder stärken will, welche ihn belasten und welche er gerne verändern würde.

Zone 2: Bisherige Erfahrungen

In Zone 2 geht es darum, anhand der beruflichen Lebensgeschichte des Kunden Stärken, Belastungen, Vorlieben und Muster zu erkennen, damit der Kunde Ressourcen gezielt einsetzen kann und problematische Anteile einer Bearbeitung oder Veränderung zugänglich gemacht werden.

Der Coach bereitet ein Arbeitsblatt mit einem Zeitstrahl vor:

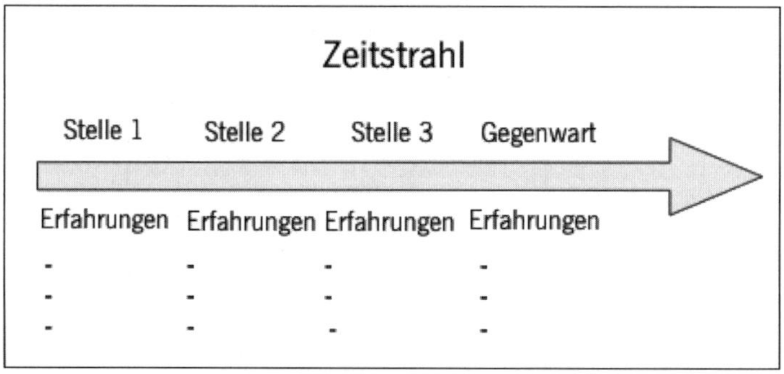

Abb. 4.7 Zeitstrahl

Schritte:

1. Der Kunde nennt wichtige berufliche Stationen, die der Coach auf der oberen Achse einträgt.
2. Der Coach geht mit dem Kunden die einzelnen Stationen durch und schreibt wichtige Erfahrungen im unteren Teil auf.

Kommentar
Es geht nicht um Chronologie, sondern um die Stationen, die für den Kunden eine Bedeutung haben.

Hier zeigen sich oft wiederkehrende Muster:
- bei einem Kunden waren Veränderungen stets durch äußere Ereignisse entstanden – Stellenkürzungen, Umsiedlung des Unternehmens, Erbschaft eines Hauses an einem anderen Ort
- ein anderer wechselte in 4 von 5 Fällen den Arbeitsplatz, weil er sich von seinem Chef schlecht behandelt fühlte
- ein Dritter hatte immer dann radikale Brüche mit Berufs- und Ortswechsel vollzogen, wenn er neue Herausforderungen brauchte

Wenn dem Kunden die Muster bewusst sind, kann er entscheiden, ob sie hilfreich sind und er sie weiterführen will oder ob sie ihn behindern und er sie verändern will.
- Kunde Nr. 1 kann entscheiden, ob er reaktiv abwarten will, bis sich eine Veränderung ergibt.
- Kunde Nr. 2 kann entscheiden, ob er das Bild, dass Chefs ihn schlecht behandeln weiter pflegen will oder ob er seine eigenen Anteile anschauen will.
- Kunde Nr. 3 kann entscheiden, ob es wieder ein kompletter Bruch sein muss oder ob auch eine kleinere Neuerung seine Lust auf Wandel befriedigt und wie er die Veränderung gezielt angehen will.

Da der Coach wichtige Erfahrungen des Kunden für diesen in den unteren Teil des Zeitstrahls einträgt, kann der Kunde sich auf seine Erfahrungen und Emotionen konzentrieren. Er nimmt das Bild nach der Sitzung mit.

Zone 3: Lebensvisionen
Lebensvisionen sind stark emotional verankerte Bilder, Träume und/oder Fantasien über das eigene Leben, die bei vielen Menschen im Laufe ihres Lebens aus unterschiedlichen Gründen in den Hintergrund geraten sind. Wenn jemand sich mit seiner beruflichen Perspektive beschäftigen will, ist es sinnvoll, diese – oft sehr ursprünglichen und starken – Bilder und Kräfte wieder aufleben zu lassen und zum Motor der Veränderung zu machen. Visionen sind wie alle sinnlichen Erfahrungen in der rechten Hemisphäre gespeichert, analoge Kanäle (Malen von Bildern, Musik, Bewegung) sind gute Zugänge.

Hier wird als ein Instrument die Metaphern-Arbeit vorgestellt.
Schritte:

1. Definition des Themas, des Problems
2. Spielen mit verschiedenen Metaphern, Herausarbeiten einer passenden Metapher
3. Sprechen über die Metapher
4. Konsequenzen für das Problem

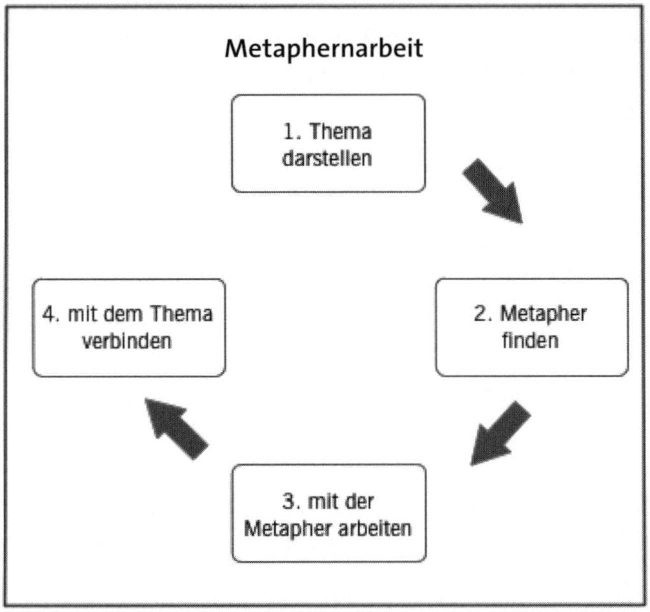

Abb. 4.8 Metaphernarbeit

Wir verwenden in der Kommunikation Metaphern, Sprachbilder. Diese Metaphern durchdringen das Alltagsleben und zwar nicht nur die Sprache, sondern auch das Denken und Handeln. *»Das Wesen der Metapher besteht darin, dass wir durch sie eine Sache oder einen Vorgang in Begriffen einer anderen Sache bzw. eines anderen Vorgangs verstehen und erfahren können.« (Lakoff/Johnson 2007: 13)* Bekannte Metaphern sind die »Segel-Metapher« oder die »Berg-Metapher«.

Beispiel

In einem Coaching über die Rolle einer Führungskraft in einem wichtigen Projekt meinte der Coachee, man müssen endlich »einen Haken einschlagen«. Der Coach griff diese Metapher auf und fragte nach seinen Erfahrungen beim Bergsteigen. Beim Klettern am Berg muss man Haken einschlagen, um sich und das Team abzusichern. Die wichtige Frage ist aber, in welchen Abständen man Haken einschlägt. Sind die Abstände zu kurz, kommt man nicht voran. Sind die Abstände zu groß, erhöht sich das Risiko. Genau diese Frage war entscheidend für das Projekt.

Kommentar
Wichtig ist, dass der Coach während des Gespräches auf »Neues hört«, Gefühle und Eindrücke wahrnimmt und in das Gespräch einbringt.

Zone 4: Konkrete Visionen
In dieser Zone geht es darum, die in der Metaphern-Arbeit entwickelten Bilder zu konkretisieren und in den Alltag des Kunden zu übertragen. Eine Technik dazu ist die sog. Wunderfrage – »Ein Tag in 5 Jahren«. *(Steve de Shazer 1985)*

Der Coach bittet den Kunden sich vorzustellen, er wache auf und sein Problem sei gelöst. Dann bittet er ihn, sich genau auszumalen, wie sein Leben aussieht, woran er merkt, dass das Problem gelöst ist, was anders ist, wie er sich fühlt usw.

Kommentar
Es ist nicht einfach, sich das eigene Leben ohne das bestimmende Problem vorzustellen; wichtig ist, den Kunden darin zu unterstützen, konkrete Bilder zu entwickeln und nicht in der Negation stecken zu bleiben – ich bin dann nicht mehr so müde, ich ärgere mich nicht mehr – sondern ihn zu konkreten Bildern zu bewegen – was machen Sie in der Zeit, wie fühlt sich das an, wie verhalten sich die anderen usw.

Zone 5: Weitere Entwicklung
Schwerpunkt dieser Zone ist das Erarbeiten einer Agenda der zu klärenden Themen und der Entwurf eines Phasenplans. Auf der Basis der konkreten Vision überlegt der Coach mit dem Kunden, welche Punkte geregelt oder vorbereitet werden müssen, damit die Vision umgesetzt werden kann. Welche Fragen müssen geklärt werden, welche Voraussetzungen müssen geschaffen werden, wie können Unterstützer mobilisiert werden usw.

Eine passende Technik ist die Erstellung einer Roadmap mit Themen und Schritten.

Zone 6: Nächste Schritte
In dieser Zone werden erste Schritte festgelegt, Meilensteine definiert und Vereinbarungen getroffen.

Kommentar
Das Perspektivencoaching ist ein längerer Coachingprozess, der auch zwischen den Sitzungen im Kunden weiter arbeitet. Erfahrungsgemäß ist mindestens eine Sitzung von 2–3 Stunden für jede der ersten drei Zonen notwendig.

Beispiel

Ein Abteilungsleiter eines Software-Unternehmens kam in die Beratung, weil er mit seiner derzeitigen Arbeit unzufrieden war und einen neuen Weg für seine berufliche Zukunft suchte.
In der Systemzeichnung wurde deutlich, dass sowohl in seinem Unternehmen als auch in seinem privaten Umfeld der nächste Karrieresprung in eine Geschäftsführerposition erwartet wurde, er war auch schon für eine entsprechende Stelle im Gespräch. Er selbst war im Hinblick auf mehr Verantwortung, noch mehr administrative Aufgaben und mehr Belastung eher skeptisch, aber er hatte den Eindruck, dass dies von niemandem ernst genommen wurde.
In der Rückschau auf seine bisherige berufliche Entwicklung zeigte sich, dass er Veränderungen immer dann aktiv betrieben hatte, wenn ihn eine neue Aufgabe reizte bzw. die bisherige Tätigkeit ihn nicht mehr ausfüllte. Mit der derzeitigen Arbeit war er unzufrieden, aber er wusste nicht, wohin er sich bewegen wollte.
Auf die Frage nach Bildern erzählte er, dass er lange Zeit in einer recht erfolgreichen Band Keyboard gespielt habe. Die Zahl der Auftritte, das Managen des Gesamten und die internen Auseinandersetzungen mit den Bandkollegen hätten aber immer mehr Zeit und Energie in Anspruch genommen, so dass er irgendwann ausgestiegen war. Sein Hauptinteresse war, Musik zu machen, nicht ständig auf der Bühne zu stehen oder bekannt zu werden. Inzwischen spiele er in einer Freizeitband, deren Niveau deutlich unter dem der früheren liege, aber für ihn sei das genau richtig.
Er verglich seine derzeitige berufliche Situation mit der Band – fachlich sei er durchaus in der Lage, aufzusteigen und mehr Verantwortung zu tragen, aber es reize ihn nicht und er wolle nicht so viel Zeit investieren, dass das »Musik machen« zu kurz käme. Im Verlauf der Beratung wurde dieses Bild sehr zentral. Ihm wurde deutlich, dass es nicht sein Interesse war, Karriere zu machen,

sondern fachlich zu arbeiten und mit Kollegen Produkte zu entwickeln. Projektverantwortung hingegen konnte er sich gut vorstellen.
Nach ca. 3 Monaten wurde ihm eine Stelle als Projektverantwortlicher bei einem internationalen Unternehmen angeboten.

Kapitel 5. Verfahren und Techniken der innerbetrieblichen Konfliktbearbeitung – Arbeit mit zwei Parteien

Einleitung: Beratung und Coaching im Kontext – Arbeit mit zwei Parteien

Vermitteln zwischen zwei Personen – das ist das Grundbild der Mediation, wie es vor allem aus der Familienmediation bekannt ist. Da sich die ersten Lehrmediatoren Anfang der 90er Jahre vorrangig mit Familienmediation beschäftigten, galt das klassische Setting der Mediation lange als die einzig »richtige« Form der Mediation. In der öffentlichen Wahrnehmung ist dies teilweise bis heute so.

Das Mediationsgesetz definiert Mediation klar über den Inhalt als »vertrauliches und strukturiertes Verfahren, bei dem Parteien mithilfe eines oder mehrerer Mediatoren freiwillig und eigenverantwortlich eine einvernehmliche Beilegung ihres Konfliktes anstreben«, nicht über die Form. Damit ist auch eine lange geführte Diskussion über die »richtige« Mediation beendet. Gemeinsame Grundlage ist diese inhaltliche Definition, die Form der Konfliktbearbeitung wird über den Kontext bestimmt.

In diesem Kapitel wird das klassische Setting – als Kerntechnik der Mediation – ausführlich dargestellt. Alle weiteren mediativen Techniken basieren auf diesem Phasenmodell. Das klassische Setting ist als Technik für die Bearbeitung eher personaler Konflikte zwischen zwei Personen oder kleinen Gruppen geeignet. Die Technik Nr. 4 ist die Shuttle-Mediation, die bei der Bearbeitung schwieriger personaler, aber auch materieller Konflikte eingesetzt werden kann. Speziell für die Bearbeitung materieller Konflikte mit zwei Personen oder kleinen Gruppen ist die Technik Nr. 5 – Verhandeln in der Mediation – beschrieben.

5.1 Technik Nr. 3: Das klassische Setting der Mediation

Im innerbetrieblichen Kontext gibt es viele Konflikt-Konstellationen, die gut in Form des klassischen Settings bearbeitet werden können. Aber auch bei der Bearbeitung überwiegend personaler Konflikte unterscheidet sich das Vorgehen des Wirtschaftsmediators stark von dem Handeln des Familienmediators. In der innerbetrieblichen Konfliktbearbeitung sind der Kontext der Unternehmenskultur und vor allem der Arbeitsvertrag für die Kooperation und damit auch für die Regelung gestörter Kooperation bestimmend. Im Streit haben Menschen jedoch nicht die bestehenden Rahmenbedingungen im Blick, sondern reagieren aus ihrem persönlichen Ärger und ihrer Verletztheit heraus.

Während es in einer Mediation im privaten Bereich wichtig ist, angestaute Gefühle zu äußeren, kann das im innerbetrieblichen Kontext eher unglücklich und für die Person schädlich sein. Es ist also ein schmaler Grat zwischen persönlichen Bedürfnissen und Anforderungen aus Rolle, Funktion und Unternehmenskultur, auf dem die Bearbeitung personaler Konflikte im Betrieb geführt werden muss.

Die Devise des Wirtschaftsmediators »Nur so tief wie notwendig, nicht so tief wie möglich«, erfordert vor allem in der dritten Phase der Mediation viel Geschick und Fingerspitzengefühl. Er steht ständig vor der Frage: wann ist es wichtig, bei Fragen, Zusammenfassungen und Umformulierungen stärker die persönliche Betroffenheit und wann Aufgabe und Rolle zu betonen?

5.1.1 Phasen der Mediation

Das klassische Setting der Mediation in der innerbetrieblichen Konfliktbearbeitung ist ein strukturiertes Verfahren mit fünf Phasen. Diese Schrittfolge hat sich in der Wirtschaftsmediation als hilfreich erwiesen und weitgehend durchgesetzt.

Phase 1	Einleitung
Phase 2	Darstellung der Sichtweisen – *Agenda*
Phase 3	Konflikterhellung
Phase 4	Problemlösung
Phase 5	Vereinbarung

Abb. 5.1 Phasen der Mediation

In der US-amerikanischen Mediationsliteratur werden noch andere Phasenmodelle vorgeschlagen. Es ist nicht entscheidend, ob man das

Vorgehen durch zusätzliche Schritte noch weiter differenziert. »Wichtig ist viel mehr, dass das Mediationsverfahren in den aufeinander bezogenen Verfahrensschritten einer methodisch begründeten, spezifischen Logik einer Konsensfindung folgt« schreibt Trenczek *in Trenczek/Berning/Lenz 2013: 288.*

Diese fünf Phasen sind praktisch die »Roadmap« des Mediationsverfahrens für alle am Prozess Beteiligten. Der Mediator übernimmt die Aufgabe als Navigator und Helfer auf diesem Weg, den die Medianden selbständig gehen müssen. Nach der Devise: Man kann nur Leute begleiten, die gehen.

In der innerbetrieblichen Konfliktbearbeitung hat der Wirtschaftsmediator noch die zusätzliche Aufgabe, die Medianden dabei zu unterstützen, auf diesem Wege die Balance zwischen Beziehungsklärung, Rollenklärung und Unternehmensinteressen zu halten. Es ist seine Aufgabe, darauf zu achten, dass in jeder Phase der Mediation alle drei Bälle in der Luft bleiben. Immer, wenn ein Ball droht verlorenzugehen, bringt der Mediator ihn mit einer Frage oder einer anderen Intervention wieder ins Blickfeld. Diese Arbeit wird erleichtert, wenn die drei Aspekte schon deutlich in der internen Mediationsvereinbarung formuliert sind.

Der Mediator kann sich in der ersten Phase – Einleitung – auf diese interne Mediationsvereinbarung beziehen und sich das Mandat geben lassen, den Ausgleich zwischen den drei Aspekten immer wieder anzusprechen.

In der zweiten Phase – Darstellung der Sichtweisen – kann er die Balance mit Fragen und Zusammenfassungen herstellen. Wenn eine Person stark die Beziehungsebene betont, kann er dies wertschätzend zusammenfassen und anschließend eine Frage nach den Aufgaben stellen. Wenn jemand sich in seiner Darstellung nur auf der Sachebene bewegt, kann er auch dies wertschätzend wiederholen und dann nach Einstellungen und Gefühlen dazu fragen. Besonders wichtig ist die Balance bei der Erstellung der Agenda. Mediation im Betrieb bedeutet auch »Mediation nach vorne«. Die Agenda bestimmt die Regelungspunkte für den Fortgang der Mediation. Sie sollte die Positionen beider Seiten umfassen und ergebnisoffen, aber vor allem zukunftsorientiert sein. Im Vordergrund der Agenda stehen die Punkte, die für die künftige Kooperation und die Erreichung der Ziele wichtig sind.

In der dritten Phase – Konflikterhellung – werden Beziehungsfragen thematisiert, soweit es dem Wunsch der Beteiligten und der Kultur in der Organisation entspricht. Bei tiefer liegenden Verletzungen ist es manchmal günstig, den Mediandien Einzelgespräche anzubieten, damit sie im vertraulichen Rahmen mit dem Mediator auch über persönliche Dinge sprechen können und mit ihm beraten können, was sie in der gemeinsamen Sitzung ansprechen möchten.

So stockte eine Mediation in einer katholischen Einrichtung, weil eine Mitarbeiterin nicht erklären wollte, warum sie zu bestimmten Zeiten nicht arbeiten könne. Im Einzelgespräch erläuterte sie, dass sie schon lange von ihrem Mann getrennt lebe, eine neue Beziehung eingegangen sei und sich zu gewissen Zeiten um ihren erkrankten Lebensgefährten kümmern müsse. In ihrer Einrichtung gelte sie aber nach wie vor als verheiratet und sie habe die Befürchtung, dass eine offene Aussage negative Folgen für ihre Beschäftigung haben könnte. Mit dem Mediator erarbeitete sie eine Argumentation, die ihre Privatsphäre wahrte und ihr Anliegen plausibel begründete.

In Phase 4 – Problemlösung – treten die auf zukünftige Kooperation gerichteten Absprachen in den Vordergrund und werden in Phase 5 – Vereinbarung – festgeschrieben.

5.1.2 Einzelgespräche im Vorfeld

Abb. 5.2 Ausgangssituation

Im Organisationszusammenhang führt der Mediator in der Regel im Vorfeld Einzelgespräche mit den Beteiligten. Spannungen und Befürchtungen vor dem gemeinsamen Termin reduzieren sich, wenn die Beteiligten den Mediator schon kennen gelernt haben und ihre Sichtweisen darstellen konnten. Im Gespräch mit einem unparteilichen Dritten können sie eigene Anteile eher zugeben und u. U. schon Lösungsspielräume aufzeigen, was im Beisein des Kontrahenten nicht möglich wäre.

Der Mediator kann durch das Führen von Einzelgesprächen die Eskalation des Konfliktes besser einschätzen, einen Überblick über die am Konflikt beteiligten Personen gewinnen und sein Vorgehen sowie das Setting planen.

Beim Führen von Einzelgesprächen sichert der Mediator beiden Parteien Vertraulichkeit über die Inhalte zu. Er gestaltet die Vorgespräche vom Rahmen und Zeitumfang ähnlich und stellt beiden Parteien ähnliche Fragen. Es ist sinnvoll, sich dazu ein Frageraster zu erarbeiten und dies den Parteien transparent zu machen.

Einstieg

»Ich möchte heute mit Ihnen das vereinbarte Mediationsgespräch mit B vorbereiten. Dabei interessiert mich, wie Sie die Angelegenheit sehen und wie die Aktivitäten und Äußerungen von B auf Sie gewirkt haben. Danach würde ich gerne mit Ihnen darüber sprechen, was Sie bei dem gemeinsamen Gespräch erreichen wollen und welche Fragen Sie noch zum Ablauf einer Mediation und meiner Rolle haben.

Ich habe auch mit B einen Termin vereinbart und werde mit ihm ein ähnliches Gespräch führen und ihm in etwa die gleichen Fragen stellen.«

Frageraster für Einzelgespräche

Fragen zur SACHE

- Wie würden Sie die Situation aus Ihrer Sicht beschreiben?
- Was war dabei für Sie besonders wichtig?
- Was hat Sie dabei am meisten gestört?
- Wie haben Sie die andere Partei in dieser Situation erlebt?
- Was für eine Lösung würden Sie sich wünschen?

Fragen zum ZIEL der Vermittlung

- Was wollen Sie erreichen, wenn Sie in die Mediation mit B gehen?
- Was denken Sie, was B erreichen will?

- Welche Vorstellungen haben sie dazu, was Sie beachten müssen, um Ihr Ziel zu erreichen?

Fragen zum VERFAHREN

- Kennen Sie den Ablauf einer Mediation?
- Haben Sie Fragen zu meiner Rolle als Mediator?
- Gibt es etwas, was ich unbedingt beachten sollte?
- Gibt es etwas, was auf keinen Fall passieren dürfte?

Kommentar
Der Mediator baut in den Einzelgesprächen Vertrauen und Nähe zu seinem jeweiligen Gesprächspartner auf, bei gleichzeitiger Distanz und Allparteilichkeit. Er signalisiert, dass er die Motive und Gefühle seines Gegenübers nachvollziehen kann, ohne damit Zustimmung zu dessen Position auszudrücken. Hilfreich sind Formulierungen wie – »ich höre, dass das für Sie eine schwierige Situation war,« statt »das stelle ich mir auch sehr schwierig vor«.

5.1.3 Phase I: Einleitung

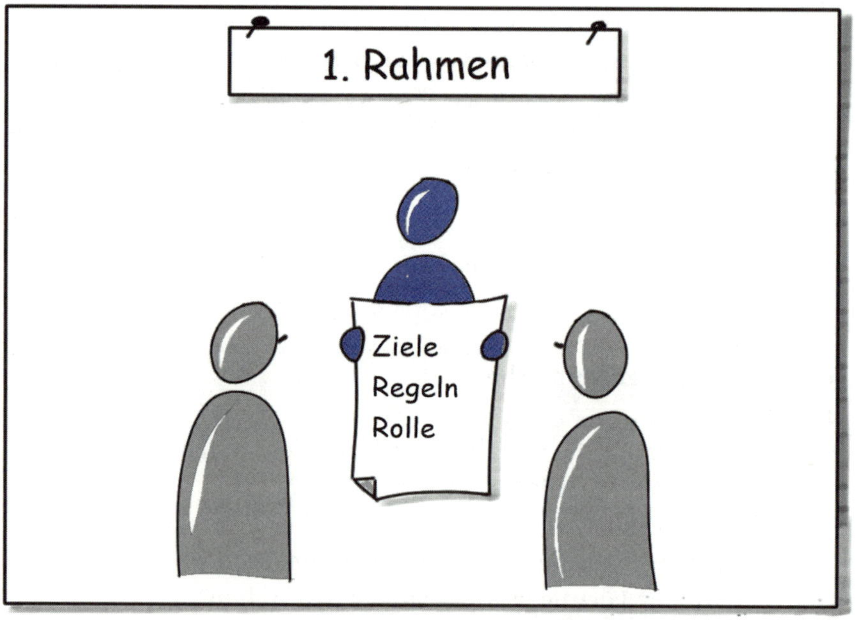

Abb. 5.3 Phase 1

1. Schritt: Vorbereitung der äußeren Bedingungen

- Wahl von Ort und Zeitpunkt
  Wichtig ist ein ruhiger, störungsfreier und neutraler Raum – nicht das Büro eines Medianden; es ist gut, wenn die Kontrahenten im Anschluss nicht direkt wieder zusammen arbeiten müssen.
- Gestaltung des Raumes
  Bewährt hat sich ein Raum mit – idealerweise rundem – Tisch; ein Tisch schafft Distanz, bietet die Möglichkeit, sich »festzuhalten« und erleichtert das Notieren von Gedanken.
- Vorbereitung der Sitzordnung.
  Es ist sinnvoll, wenn der Mediator zwischen den Kontrahenten sitzt, zu beiden gleich gut Blickkontakt aufnehmen kann (Äquidistanz) und diese Sitzordnung durch die Markierung seines Platzes festlegt.
- Schreib- und Moderationsmaterial, Flipchart

2. Schritt: Klärung des Rahmens und der Regeln

- Begrüßung und Vorstellung
  Mediator begrüßt die Parteien und stellt sich selbst vor.
- Klärung der Ziele der Mediation
  Der Mediator formuliert seine Sichtweise des Auftrags. Das Ziel sollte eher allgemein formuliert sein. Z.B.: »Sie beide sind gleichberechtigte Geschäftsführer und müssen wichtige Entscheidungen gemeinsam tragen. Ihr Ziel ist es, wieder zu einer Kooperation zu gelangen, um gemeinsam tragfähige Entscheidungen zu treffen.« Der Mediator holt das Einverständnis der Parteien zu dieser Sichtweise ein.
- Klärung des Rahmens, in dem die Mediation stattfindet
  Zeit, Rahmenbedingungen, die berücksichtigt werden müssen
- Erläuterung des Verfahrens und der Rolle des Mediators
  Allparteilichkeit, Lösungsoffenheit, Verantwortung für den Prozess, nicht für den Inhalt
- Vereinbaren von Regeln
  Kommunikationsregeln wie ausreden lassen, keine Beschimpfungen usw. klingen selbstverständlich, im Konflikt werden sie jedoch häufig nicht eingehalten. Wenn der Mediator Regeln gemeinsam mit den Medianden abgesprochen hat und ihr Einverständnis hat, die Einhaltung der Regeln zu beachten, kann er bei Regelverletzungen darauf hinweisen, ohne schulmeisterlich zu sein.

- Vertraulichkeit
  Wichtig ist die Zusicherung von Vertraulichkeit nicht nur in Bezug auf den Mediator, sondern vor allem zwischen den Mediandes.
- Absprachen über den Transfer von Ergebnissen an Vorgesetzte

Kommentar
Insbesondere interne Mediatoren müssen ihre Rolle, Abhängigkeiten und Verpflichtungen im System transparent machen, um Fantasien und Missverständnisse zu vermeiden.

3. Schritt: Klären, wer beginnt

Die Medianden entscheiden, wer als erster seine Sichtweise darstellt.

Kommentar
Mit diesem Entscheidungsprozess, der durchaus kontrovers verlaufen kann, übernehmen die Medianden wieder Verantwortung für ihren Konflikt und dessen Bearbeitung. Mediatoren sind zu Beginn ihrer Tätigkeit geneigt, Vorschläge zur raschen Einigung zu machen. Damit übernimmt der Mediator aber Lösungsverantwortung. Im Sinne einer Prozessverantwortung könnte der Mediator sagen: »wir haben 3 Stunden verabredet, 30 Minuten sind vergangen, und Sie stehen vor der Frage, wer von Ihnen beginnt. Wie wollen Sie damit umgehen?«

5.1.4 Phase II: Sichtweisen – Die Bedeutung der Agenda

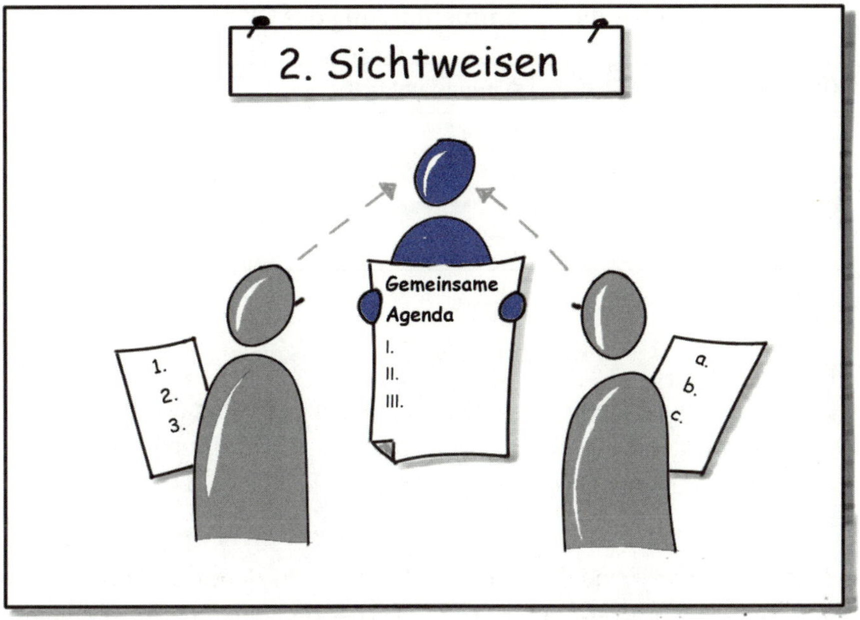

Abb. 5.4 Phase 2

1. Schritt: Mediator spricht mit A

- Mediator fragt A nach seinen Sichtweisen
- Mediator spiegelt und stellt weitere Fragen
- Mediator fasst zusammen und schreibt wesentliche Punkte auf
  Der Mediator visualisiert die jeweiligen Hauptpunkte der Parteien als mögliche Klärungspunkte. Eine praktische Form sind Moderationskarten, die zu A und B an die Stellwand gehängt werden. Der Mediator übernimmt nicht die wertende Sprache der Parteien, sondern versachlicht die Themen, z. B. statt »willkürliche Entscheidungen von B«, »Transparente Entscheidungswege«. Gute Formulierungshilfen sind
  - Häufigkeit von Besprechungen, Informationsaustausch ...
  - Umgang mit Absprachen
  - Umgang mit Verbindlichkeit
  - Weitere Gestaltung der Arbeitsbeziehung
  - Festlegung von Schwerpunkten für die Zukunft
  - Rahmenbedingungen für ...
  - Umgang mit Geld / Zeit / Eigentum ...

  - Klärung von ...
  - Regelung von ...
- Mediator holt für die Zusammenfassung das OK von A ein

Klärungspunkte A	Klärungspunkte B
1.	a)
2.	b)
3.	c)
	d)

Abb. 5.5 Klärungspunkte

Kommentar

Häufig hat B nach den Äußerungen von A das Bedürfnis, auf A's Äußerungen einzugehen. Der Mediator lässt an dieser Stelle keinen Dialog zu. In Phase 2 läuft die Kommunikation ausschließlich über den Mediator.

Ziele dieser Phase sind das Herausarbeiten der zu klärenden Punkte und die Erstellung der Agenda, keine Diskussion über die Punkte. Durch die Agenda wird der Gesamtkonflikt in einzelne Punkte aufgeteilt, an denen leichter gearbeitet werden kann. Häufig zeigt sich, dass es an einzelnen Punkten durchaus Übereinstimmung gibt.

2. Schritt: Mediator spricht mit B

- Mediator fragt B nach seinen Sichtweisen
- Mediator spiegelt und stellt weitere Fragen
- Mediator fasst zusammen, schreibt wesentliche Punkte auf
- Mediator holt für die Zusammenfassung das OK von B ein

3. Schritt: Mediator erstellt mit den Parteien die Agenda

- Mediator führt noch einmal die Klärungspunkte beider Parteien auf
- Mediator benennt die Punkte, die den gleichen Sachverhalt – oft aus unterschiedlichen Blickwinkeln – betreffen, schlägt eine wertneutrale Benennung der Punkte vor und schreibt sie mit dem Einverständnis der Parteien auf. Es geht nur um die Benennung der Punkte, nicht um die Inhalte.
  Z. B. bemängelt eine Partei, dass Entscheidungen übereilt getroffen werden, während die andere Entscheidungen als zu unflexibel

erlebt. Hier könnte eine gemeinsame Überschrift »Entscheidungswege prüfen« sein.

- Themen, die nur A oder nur B zur Klärung des Konflikts wichtig sind, bleiben erhalten.
- Die Parteien einigen sich auf eine Reihenfolge der Klärungspunkte.

Klärungspunkte A	Klärungspunkte B
1.	a)
2.	b)
3.	c)
	d)
Gemeinsame Agenda	
I.	
II.	
III.	
IV.	

Abb. 5.6 Agendaerstellung

Kommentar

An dieser Stelle verhandeln die Kontrahenten oft, welches die wichtigsten Punkte sind oder womit unbedingt begonnen werden muss. Der Mediator sichert zu, dass alle Themen besprochen werden und moderiert die Verhandlung über die Reihenfolge, aber er greift nicht lenkend in die Auseinandersetzung ein, indem er z. B. vorschlägt, mit den gemeinsamen Punkten zu beginnen oder einen Punkt als den zentralen zu bezeichnen.

5.1.5 Phase III: Konflikterhellung – Interessen

Abb. 5.7 Phase 3

1. Schritt: Mediator bespricht mit den Parteien die einzelnen Punkte der Agenda

- Mediator klärt, wer beginnt
- Mediator befragt A zu Agendapunkt 1 nach Interessen, Bedürfnissen, Motiven, Gefühlen und Ressourcen
  Konkretisieren, Paraphrasieren, Spiegeln, Fragen nach Hintergründen, Gefühlen, Interessen sind zentrale Techniken dieser Phase.
- Mediator befragt B in derselben Weise

2. Schritt: Mediator fasst das Gehörte zusammen

- Mediator fasst zusammen, macht Gemeinsamkeiten und Unterschiede deutlich
- Bei der Bearbeitung personaler Konflikte ist die dritte Phase die zentrale Phase. Der Mediator arbeitet durch Fragetechniken die hinter den Positionen liegenden Interessen und Bedürfnisse der Parteien heraus:

- Was war Ihr Motiv für Ihr Handeln?
- Was daran ist Ihnen besonders wichtig?
- Wie meinen Sie das?
- Können Sie mir das noch genauer erklären?
- Wie finden Sie das?
- Was fehlt Ihnen, wenn Sie sagen, Sie sind unzufrieden?
- Wie muss ich mir das genau vorstellen?
- Woran würden Sie eine Verbesserung feststellen?
- Was müsste passieren, damit Sie zufrieden sind?

Die Kontrahenten verstehen sich selbst und ihr Handeln besser, wenn sie statt über Positionen über Interessen sprechen.

3. Schritt: Mediator initiiert Kommunikation zwischen den Kontrahenten

- Verstehen und sich verstanden fühlen sind Wege zur Lösung. Der Mediator sorgt durch Fragetechniken dafür, dass auch die andere Seite die Interessen des Gegenübers versteht. Damit ist nicht gemeint, das Verhalten des anderen gut zu heißen, sondern seine Motive und Interessen nachzuvollziehen. Der Mediator fördert und initiiert durch seine Gesprächsführung auch Dialoge zwischen den Kontrahenten.
  - Wussten Sie, dass Ihr Kollege dadurch verunsichert war?
  - Waren Ihnen die Motive Ihres Kollegen bekannt?
  - Wie ist das, was Ihr Kollege gerade gesagt hat, bei Ihnen angekommen?
  - Wie war das für Sie, als Sie das gehört haben?
  - War Ihnen bekannt, dass Ihr Kollege das ebenso sieht wie Sie, das gleiche Interesse hat?

Kommentar

Bei der Erarbeitung von Interessen sind oft schon Lösungsansätze erkennbar. In der dritten Phase werden diese jedoch noch nicht vertieft. Es ist wichtig, zunächst alle Agendapunkte auf der Interessensebene durchzusprechen. Die Agendapunkte hängen zusammen, eine Lösung für einen Punkt kann widerrufen werden, wenn ein anderer Punkt kontrovers diskutiert wird. Der Mediator bittet die Parteien, Lösungsideen zu notieren, damit sie nicht verloren gehen.

In dieser Form werden alle Agendapunkte nacheinander durchgearbeitet.

5.1.6 Phase IV: Problemlösung

Abb. 5.8 Phase 4

1. Schritt: A und B entwickeln Ideen und Vorschläge für mögliche Lösungen

- Mediator bittet A und B, sich separat Ideen und Vorschläge für mögliche Lösungen zu überlegen und diese auf Moderationskarten zu notieren.
  Der Mediator fordert zu einer Art Brainstorming auf – zunächst eine Vielzahl von Ideen zu produzieren und nicht sofort zu filtern – das ist zu teuer, das macht der Chef nicht mit, das haben wir schon mal probiert usw.
  Es geht nicht um eine »Gesamtlösung«, die alle Agendapunkte umfasst, sondern um Vorschläge für die einzelnen Punkte. Oft lassen sich aus einzelnen Aspekten neue Lösungen entwickeln. Auch unrealistische Vorschläge sind manchmal sinnvoll, wenn dadurch deutlich wird, dass die Interessen des Kontrahenten mitgedacht wurden.

2. Schritt: Mediator erarbeitet mit den Parteien eine Konsens- und Dissensliste

- Mediator klärt, wer beginnt
- Mediator bittet A, seine Ideen vorzutragen, spiegelt und fasst zusammen
- Mediator bittet B, seine Ideen vorzutragen, spiegelt und fasst zusammen
- Mediator benennt Konsenspunkte in Bezug auf die Lösungsvorschläge und notiert sie
- Mediator benennt die Dissenspunkte in Bezug auf die Lösungsvorschläge und notiert sie
- Mediator holt die Zustimmung der Parteien zu der Konsens- und Dissensliste ein
- Mediator konkretisiert die Konsenspunkte und fragt nach, wie die Umsetzung konkret aussehen könnte: z. B. wann, wie oft Treffen stattfinden, welche Kosten entstehen usw., damit keine unrealistischen und nicht umsetzbaren Lösungen vereinbart werden.

Lösungsvorschläge A	**Lösungsvorschläge B**
1. 2. 3.	1. 3. 4. 5.
Konsenspunkte 1 und 3	
Dissenspunkte	
2 4 5	

Abb. 5.9 Konsens-Dissensliste

3. Schritt: Mediator moderiert die Verhandlung über die Dissens-Punkte

- Mediator fragt detailliert nach, wie der Lösungsvorschlag gemeint ist. Oft stellt sich heraus, dass die andere Seite nur einen bestimmten Aspekt dieser Lösung ablehnt, über den dann verhandelt wird.
- Mediator fragt nach Lösungsalternativen und Varianten
  Was könnten Varianten sein, mit denen sie umgehen? Welche Reservepositionen gibt es?

- Mediator moderiert die Verhandlung
- Mediator fasst Ergebnisse zusammen

Kommentar
Die Verhandlung über strittige Punkte ist wesentlich einfacher, wenn über andere Punkte schon Konsens erzielt wurde.

Der Mediator unterstützt die Mediaden darin, realistische und umsetzbare Lösungen zu erarbeiten. Willensbekundungen wie – wir sagen uns jetzt sofort, wenn uns etwas stört, werden nicht erfolgreich sein. Dann ist es seine Aufgabe zu konkretisieren – wie könnten Sie es in Ihre Abläufe einbauen, regelmäßig auch über Ihr Miteinander zu sprechen? Was wäre eine gute Form? Wie häufig sollte das stattfinden? Brauchen Sie dabei zu Beginn Unterstützung? usw.

5.1.7 Phase V: Vereinbarung

Abb. 5.10 Phase 5

1. Schritt: Mediator macht einen Vorschlag für die Vereinbarung
- Mediator formuliert einzelne Punkte der Vereinbarung
- A und B diskutieren diese Vorschläge
- Mediator fasst Ergebnisse zusammen

2. Schritt: A und B überprüfen die Vereinbarung
- Mediator moderiert Diskussion über Veränderungsvorschläge
- Mediator fasst Ergebnisse zusammen

3. Schritt: Unterschreiben der Vereinbarung
- Alle unterschreiben die Vereinbarung
- Formen des Transfers an Vorgesetzte werden verabredet.
- Mediator vereinbart einen Follow-up Termin mit A und B, um die reale Wirkung der Vereinbarung zu reflektieren
- Mediator dankt den Parteien für ihre konstruktive Kooperation

Kommentar
Ein Follow-up Termin dient zur Überprüfung, inwieweit die vereinbarten Lösungen umgesetzt wurden, was nicht funktioniert hat, was noch verändert werden muss usw. Die Vereinbarung eines Follow-up-Termins schafft zum einen Verbindlichkeit für die Parteien, zum anderen gibt sie Sicherheit, dass Aspekte nachjustiert werden können.

Beispiel

Im Auftragsklärungsgespräch mit einem Vorstandsmitglied und dem Personalchef eines Energieversorgers wurde der Mediatorin folgendes berichtet:

Die Arbeitsbeziehung zwischen einem Abteilungsleiter und einem seiner Gruppenleiter war seit einiger Zeit durch Auseinandersetzungen, Missverständnisse und Kommunikationsschwierigkeiten, die zu Fehlern führten, belastet, so dass der Abteilungsleiter beim Vorstand die Versetzung des Gruppenleiters gefordert hatte.

Nach Einschätzung des Vorstandsmitgliedes waren beide kompetente und hochspezialisierte Mitarbeiter, die einige Jahre konstruktiv zusammen gearbeitet hatten. Im Unternehmen gab es zum einen keine adäquate Stelle für den Gruppenleiter, zum anderen war für die anstehenden Aufgaben die Zusammenarbeit dieser erfahrenen Spezialisten erforderlich. Daraufhin hatte der Vorstand dem Vorschlag des Personalchefs zur Mediation zugestimmt.

Auf die Frage nach möglichen Hintergründen antworteten beide etwas zögerlich, dass der Abteilungsleiter vor ca. 6 Monaten eine Beziehung zu einer Mitarbeiterin, die bis dato dem Gruppenleiter unterstellt gewesen sei, öffentlich gemacht habe. Inzwischen sei sie in einer anderen Abteilung Gruppenleiterin geworden. Möglicherweise habe das Konkurrenz oder Eifersucht beim Gruppenleiter ausgelöst. Aber darüber könne man nicht sprechen, das seien schließlich Privatsachen.

In den anschließenden Einzelgesprächen sagte der Abteilungsleiter, dass er die Kompetenz des Gruppenleiters schätze, sie hätten sich in den 4 Jahren der Zusammenarbeit gut verstanden. Er habe den jüngeren Kollegen sehr gefördert und ihn zum Gruppenleiter gemacht. Mit der Leitungsfunktion sei er mitunter noch etwas überfordert, aber er habe mit seiner Unterstützung viel gelernt. Seit ca. 10–12 Monaten nehme er jedoch gar nichts mehr an, im Gegenteil, er greife ihn in Meetings an, versuche, Kollegen gegen ihn aufzuhetzen und sieze ihn wieder, was er völlig albern finde. Er glaube, der Gruppenleiter habe massive persönliche Probleme und sei so in dieser Abteilung nicht mehr tragbar. Dass er sich auf eine Mediation einlasse, sei ein Entgegenkommen an den Gruppenleiter. Nach möglichen Hintergründen gefragt, äußerte er die Vermutung, der Gruppenleiter habe ein Problem damit, dass er mit Frau O., einer ehemaligen Mitarbeiterin des Gruppenleiters, zusammen sei. Er sei damit sehr diskret und sorgsam umgegangen; als klar war, dass die Beziehung ernst sei, hätte er dies vor ca. 6 Monaten offen gemacht und aktiv beim Vorstand eine Versetzung von Frau O. betrieben, um keine Fantasien bzgl. Bevorzugung entstehen zu lassen. Aber darüber werde er in der Mediation nicht sprechen, das sei seine Privatsache.

Der Gruppenleiter sagte im Einzelgespräch, dass er lange gut mit dem Abteilungsleiter zusammengearbeitet habe, dass er seine Unterstützung zu schätzen wisse, aber das Vertrauen in ihn verloren habe. Die Hintergründe waren für ihn folgende: die Beziehung des Abteilungsleiters zu Frau O., die nach Einschätzung des Abteilungsleiters erst vor 6 Monaten durch seine Veröffentlichung bekannt wurde, war schon Monate vorher Thema in der Mitarbeiterschaft. Insbesondere in der Kantine wurde viel getuschelt, wenn die beiden auftauchten und sich betont unverfänglich verhielten. Der Gruppenleiter hatte mehrfach versucht, in einer ruhigen Situation mit dem Abteilungsleiter darüber zu sprechen, dass er und Frau O. Gesprächsthema seien. Der Abteilungsleiter bestritt jedoch jegliche private Beziehung zu Frau O. und verbat sich die Einmischung des Gruppenleiters.

Der Gruppenleiter fühlte sich in seinen Bemühungen, loyal zu sein, zurückgewiesen. Da die Beziehung der beiden für ihn deutlich erkennbar war und nach einigen Monaten auch öffentlich bestätigt wurde, fühlte er sich durch das vehemente Abstreiten des Abteilungsleiters belogen. Ihm sei bewusst, dass die Beziehung der beiden ihre Privatsache sei und ihn die Entscheidung, Frau O. zur Gruppenleiterin zu machen, nichts angehe, aber durch die Leugnung des Abteilungsleiters habe er das Vertrauen in seinen Vorgesetzten verloren. Der Gruppenleiter befand sich im Dilemma: einerseits wollte er seinem Abteilungsleiter nicht zu nahe treten, andererseits war ihm klar, dass ohne ein Ansprechen die Arbeitsbeziehung nicht zu retten sei.

Im ersten gemeinsamen Gespräch waren beide bemüht, respektvoll miteinander umzugehen und zeigten damit Interesse an der Fortsetzung ihrer Arbeitsbeziehung. Insbesondere der Gruppenleiter war sehr angespannt. Bei der Darstellung der Sichtweisen stellte der Abteilungsleiter die Hypothese auf, dass der Gruppenleiter ein Problem mit Frau O. habe oder mit ihm etwas bzgl. ihrer Ernennung zur Gruppenleitung zu klären habe. Das ermöglichte dem Gruppenleiter, dieses Thema in der Darstellung seiner Sichtweisen aufzugreifen. Durch die Formulierungshilfe der Mediatorin wurde dem Abteilungsleiter deutlich, dass es nicht um die Beziehung an sich, sondern um seine Art des Umgangs damit ging, so dass er das Thema zulassen konnte.

Beide entschieden, dass dieses Thema primär behandelt werden sollte. Der Gruppenleiter sprach von seinen Versuchen, seinen Vorgesetzten darauf anzusprechen und vor Gerede zu schützen, was von diesem ganz anders interpretiert worden war. Der Abteilungsleiter war betroffen, dass die vermeintliche Diskretion nicht gewirkt hatte und er zum Gerede in der Firma geworden war. Der Gruppenleiter konnte sein Gefühl der Zurückweisung und den daraus folgenden Vertrauensverlust erklären und entschuldigte sich für die öffentlichen Angriffe auf den Abteilungsleiter. Es war bei beiden eine deutliche Entlastung durch die Klärung dieses Themas spürbar, so dass eine Bearbeitung der weiteren Agendapunkte relativ unproblematisch verlief und die Mediation nach zwei Sitzungen abgeschlossen werden konnte.

Im vereinbarten Follow-up Termin nach ca. 3 Monaten sagten beide, dass sich ihre Arbeitsbeziehung stabilisiert habe und sie konstruktiv neue Projekte angingen. Sie hätten zunächst überlegt, den Follow-up Termin abzusagen, dann aber gemeinsam entschieden, noch mal zurückzuschauen und mit der Mediatorin zu überlegen, wie sie in Zukunft die Entwicklung solcher Missverständnisse vermeiden könnten.

5.1.8 Das Klärungsgespräch

Grundlagen

Bei niedrigschwelligen Konflikten (Stufe 1–3 nach Glasl) ist es im betrieblichen Alltag nicht üblich, einen externen Mediator hinzuzuziehen bzw. würde durch den Einsatz der Mediation dem Konflikt eine so hohe Bedeutung zugemessen, dass sogar eine Verschärfung eintreten könnte. Nichts desto trotz regeln sich diese Konflikte nicht von selbst, sie haben negative Konsequenzen für die Organisation und können weiter eskalieren, wenn sie ignoriert werden. Für derartige Konflikte eignet sich das Klärungsgespräch, das auch von internen Mediatoren oder Konfliktlotsen mit einer weniger umfangreichen Ausbildung angewandt werden kann.

Das Klärungsgespräch ist – zur leichteren Durchführung für die Konfliktlotsen – in 10 Schritte aufgeteilt, die sich aus den Phasen der Mediation ableiten. Im Klärungsgespräch werden mediative Techniken eingesetzt, es ist aber nicht als Mediation im klassischen Sinne zu bezeichnen

Schritte

Einzelgespräche

Zur Vorbereitung des Klärungsgesprächs werden wie in der klassischen Mediation Einzelgespräche mit den Parteien geführt. Diese Einzelgespräche werden mit den Parteien vereinbart. Dabei ist darauf zu achten, dass die Gespräche vom Rahmen und Zeitumfang (30 – max. 45 Min.) ähnlich gestaltet sind und beiden Parteien analoge Fragen gestellt werden.

Phase 1 der Mediation: Einleitung

1. Schritt: Rahmen

Der Vermittler sorgt für einen angemessenen äußeren Rahmen. Er begrüßt die Parteien, legt mit Ihnen den Zeitplan fest und skizziert den bisherigen Verlauf der Klärung.

2. Schritt: Ziel

Der Vermittler fragt die Parteien, was sie in dem heutigen Gespräch erreichen wollen, spiegelt und fasst zusammen.

»Ich habe Sie beide so verstanden, dass Ziel des heutigen Gesprächs die Klärung der Frage ..... sein soll. Dabei haben Sie, Herr A, betont, dass es für Sie darum geht, dass...... Und Sie, Frau B, haben deutlich gemacht, dass für Sie .... wichtig ist.«

Kommentar
Manchmal ist es sinnvoll, hier eine Skalierungs-Frage zu stellen:
»Ich würde Sie gerne fragen, wie hoch Sie die Chance einschätzen, dass in unserem heutigen Gespräch eine Klärung herbeigeführt werden kann. Wenn Sie diese Erfolgschancen auf einer Skala von 1 bis 10 einordnen würden – also 1 bedeutet, es kommt überhaupt nichts raus und 10 bedeutet, das Problem ist vollkommen geklärt – welche Zahl würden Sie nennen?«

3. Schritt: Verfahren
Der Vermittler fragt, wer zuerst seine Position darlegen will und klärt die Reihenfolge.

»Die Klärung der Reihenfolge ist für dieses Gespräch deshalb wichtig, weil das Verfahren im Klärungsgespräch etwas abweicht von der üblichen Diskussion, wie Sie sie kennen. Ich werde ausführlich mit einer Person sprechen, damit sie Ihre Position in Ruhe darlegen kann. Die andere Person bitte ich, während dieser Zeit zuzuhören. Wenn Sie das Gefühl haben, etwas entgegnen oder richtig stellen zu müssen, bitte ich Sie, sich Notizen zu machen und dies anschließend, wenn Sie an der Reihe sind, zum Ausdruck zu bringen. Wenn Sie beide Ihre Positionen dargelegt haben, würde ich gerne mit Ihnen die Punkte herausarbeiten, die gründlich besprochen und geklärt werden müssen.«

Phase 2 der Mediation: Darstellung der Sichtweisen
4. Schritt: Darlegung der Position A
Der Vermittler spricht mit A und bittet ihn, seine Position darzulegen. Er spiegelt, fragt nach und fasst immer wieder zusammen.

Mögliche Fragen:

- Was genau ist im Moment so schwierig?
- Wie ist das Problem aus Ihrer Sicht entstanden?
- Wie wird es für Sie sein, wenn Sie nichts verändern?
- Was möchten Sie gerne jetzt verändern?

– Wie sind sie damit zurechtgekommen, als das Problem noch nicht so schwierig für Sie war?
– Was haben Sie früher bei vergleichbaren Problemen getan?
– Was wäre jetzt für Sie hilfreich?
– Was können und was wollen Sie jetzt tun?
– Was erwarten sie dabei von B?

Zum Schluss fasst der Vermittler noch einmal die wichtigsten Positionen von A zusammen und benennt die von A benannten, zu klärenden Themen in nicht wertender Sprache und notiert diese Themen auf Moderationskarten.

5. Schritt: Darlegung der Position B

Der Vermittler bittet nun A, zuzuhören und spricht in derselben Form mit B.

6. Schritt: Erarbeitung der Agenda

Der Vermittler benennt noch einmal die von A und B genannten Themen und ordnet sie gemeinsam mit A und B zu klärenden Sachverhalten zu. Dazu schlägt er nichtwertende Oberbegriffe vor.

Beispiel

»Sie, Frau A, haben den Punkt benannt, dass Sie sich von Herrn B gestört fühlen, weil er – wie Sie sagen – so laut telefoniert. Und Sie, Herr B, haben deutlich gemacht, dass Sie sich durch Besuche von anderen Kolleginnen bei Frau A und die – wie Sie sagen endlosen Diskussionen – gestört fühlen. So wie ich das verstehe, geht es um den Sachverhalt, was Sie tun können, um in einer angenehmeren Atmosphäre in einem Raum zusammen arbeiten zu können. Ich möchte vorschlagen, diese Themen unter dem Agenda-Punkt ›Verhalten am Arbeitsplatz‹ zu besprechen.«

Wenn alle Themen der beiden Parteien als Agenda-Punkte benannt sind, schreibt der Vermittler diese auf und die Parteien entscheiden, in welcher Reihenfolge die Punkte bearbeitet werden.

Kommentar

Es geht nicht nur um gemeinsame Themen, auch Punkte, die nur A oder B wichtig sind, finden in der Agenda Platz.

Phase 3 der Mediation: Konflikterhellung

7. Schritt: Interessen

Der Vermittler bespricht mit den Parteien die einzelnen Punkte der Agenda und fragt nach den dahinter liegenden Interessen und Bedürfnissen.

Mögliche Fragen zum Agenda-Punkt Verhalten am Arbeitsplatz

- Was wären für Sie optimale Bedingungen, um gut zu zweit in einem Raum arbeiten zu können?
- Was wünschen Sie sich von Ihrem Gegenüber?
- Wenn Sie den Wunsch von A hören, was meinen Sie dazu?

In dieser Phase geht es noch nicht darum, für die Punkte Lösungen zu finden. Es kommt nur darauf an, die Hintergründe der Positionen der Parteien zu hören. Wenn die Diskussion an einem Punkt erschöpft ist, fasst der Vermittler noch einmal die wesentlichen Aussagen zusammen und leitet zum nächsten Agenda-Punkt über.

Phase 4 der Mediation: Problemlösung

8. Schritt: Besinnung

Wenn alle Punkte der Agenda besprochen sind, fasst der Vermittler den Stand der Diskussion mit seinen eigenen Worten zusammen und bittet die Parteien, sich einige Minuten zu besinnen, die einzelnen Punkte noch einmal für sich in aller Ruhe durchzugehen und darüber nachzudenken, welche Lösungsvorschläge sie einbringen können. Diese Ideen sollen die Parteien auf Moderationskarten notieren.

9. Schritt: Lösungen

Der Vermittler fragt, wer zuerst seine Ideen zur Lösung vortragen will und klärt die Reihenfolge. Er bittet die erste Partei, ihre Vorschläge vorzutragen. Er spiegelt, fragt nach und fasst die Vorschläge noch einmal mit seinen Worten zusammen. Er hängt die Lösungsvorschläge der ersten Partei an die Stellwand. Danach bittet er die zweite Partei, ihre Ideen vorzutragen und verfährt ebenso.

Jetzt erstellt der Vermittler mit den Parteien eine sogenannte Konsens-Dissens-Liste. Er betont die Übereinstimmungen in den beiden Vorschlagslisten und notiert diese unter der Überschrift Konsens. Dann arbeitet er mit den Parteien die Punkte heraus, die noch unterschiedlich sind und notiert sie unter der Überschrift Dissens.

Diese Punkte verhandelt er nun mit den Parteien und führt – wenn möglich – eine Einigung herbei.

Phase 5 der Mediation: Vereinbarung
10. Schritt: Vereinbarung
Der Vermittler fasst noch einmal die vereinbarten Punkte zusammen und macht einen Vorschlag für die schriftliche Vereinbarung. Mit den Parteien bespricht er Satz für Satz der Vereinbarung.

Die Parteien und der Vermittler unterschreiben die Vereinbarung.

Beispiel

Zwischen zwei Kollegen in der Buchhaltung herrschte schlechte Stimmung. Auslöser war, dass der Chef die Kollegin für einen Fehler verantwortlich gemacht hatte, den ihr Kollege verursacht hatte. Sie wollte den Kollegen nicht öffentlich bloßstellen, doch sie erwartete von ihm eine Richtigstellung der Situation und eine Entschuldigung. Als sie ihn darauf ansprach, reagierte er abweisend. Daraufhin wandte sie sich an einen internen Konfliktlosen und entschied im Gespräch mit ihm, den Kollegen um ein klärendes Gespräch mit Unterstützung des Konfliktlotsen zu bitten.

Der Konfliktlotse führte auch ein Vorgespräch mit dem Kollegen, in dem dieser seine Sicht des Konfliktes darlegte.

Im Klärungsgespräch drückte die Kollegin ihre Enttäuschung und ihren Ärger aus. Der Kollege war betroffen, er hatte die Auswirkungen seines Verhaltens nicht so eingeschätzt. Obwohl die Kollegin sauer war, betonte sie die gute Zusammenarbeit und seine hohe Fachlichkeit. Das machte es ihm möglich, sein Verhalten zu erklären: er befand sich in einer persönlichen Belastungssituation, die seine Arbeitsfähigkeit beeinflusste. Sorgen machte ihm sein befristeter Arbeitsvertrag, und er hatte den Eindruck, es sei besser, vor dem Chef keine Schwächen oder Fehler zu zeigen. Er entschuldigte sich bei seiner Kollegin für sein Verhalten.

Die Kollegin war erschrocken über seine Belastung, von der sie nichts gewusst hatte. In dem Zusammenhang bestand sie nicht mehr auf einer Richtigstellung beim Chef, sondern bot ihm an, ihn in dieser schwierigen Phase durch eine Art Gegenkontrolle zu unterstützen, damit ihm keine weiteren Fehler unterlaufen.

5.2 Technik Nr. 4: Die Shuttle-Mediation

Ein wesentliches Element im klassischen Setting der Mediation liegt darin, dass beide Konfliktparteien anwesend sind, vom Mediator durch den Prozess geführt werden und die andere Seite direkt erleben. Aber es gibt auch Situationen, in denen die Konfliktparteien zwar eine Regelung des Konflikts erreichen wollen, aber nicht mit der anderen Seite zusammentreffen können oder wollen. In solchen Fällen ist das Instrument der »Shuttle-Mediation« einsetzbar.

5.2.1 Grundlagen

»Shuttle« heißt auf Deutsch »hin- und herbringen«, shuttle-service heißt Pendelverkehr. D.h. in der »Shuttle-Mediation« pendelt der Mediator zwischen den Parteien hin und her und versucht so, eine Regelung des Konflikts zu erreichen.

Dies ist sinnvoll, wenn die Personen zwar einverstanden sind, den Konflikt zu klären, aber nicht bereit sind, direkt mit der anderen Person zu sprechen oder wenn es aus organisatorischen Gründen nicht möglich ist, einen gemeinsamen Termin zu vereinbaren.

Entscheidend ist die Bereitschaft der Kontrahenten, an einer Regelung des Konflikts unter der Vermittlung eines Mediators mitzuarbeiten. Die gemeinsame Kommunikation wird über den Mediator und die von ihm schriftlich festgehaltenen Ergebnisse hergestellt.

Im Folgenden wird der Ablauf der Shuttle-Mediation dargestellt. In Bearbeitungen zeigt sich häufig, dass einzelne Parteien zu Beginn eines Mediationsprozesses den Shuttle wünschen, dann aber – wenn sie Vertrauen zum Mediator und dem Verfahren gewonnen haben – bereit sind, in der 3. oder 4. Phase mit der anderen Partei direkt zu sprechen. Damit geht die Shuttle-Mediation wieder in das klassische Setting über.

5.2.2 Schritte

Ablauf

1. Schritt: Vorgespräche mit A und B

Der Mediator stellt Fragen zum Sachverhalt, zu den jeweiligen Sichtweisen, den bisherigen Bemühungen und den aus der Sicht der anwesenden Partei zu klärenden Punkten.

Der Mediator stellt Fragen zum Ziel und zu den Rahmenbedingungen der Konfliktbearbeitung. Der Mediator klärt, was der anderen Partei mitgeteilt werden soll und vor allem, welche Klärungspunkte auf die gemeinsame Agenda genommen werden.

2. Schritt: Erstellung der Agenda

Der Mediator erstellt nach den beiden Vorgesprächen die Agenda der zu klärenden Punkte und beschreibt zu jedem Punkt die unterschiedlichen Positionen soweit er das Mandat der Parteien hat.

Die Parteien erhalten die Agenda zur Vorbereitung auf die intensiven Gespräche.

3. Schritt: Intensive Gespräche mit den Parteien

Der Mediator bespricht in Einzelgesprächen mit A und B die Punkte der Agenda.

Er fragt nach Interessen, Hintergründen und Bedürfnissen. Der Mediator bringt in nichtwertender Sprache die Interessen und Sichtweisen der anderen Seite in das Gespräch ein. Der Mediator bespricht mit den Parteien Ideen zur Regelung der einzelnen Fragen. Der Mediator klärt zum Schluss mit jeder Partei genau, welche Ideen in ein »Variantenpapier« aufgenommen werden.

Kommentar

Wenn die Mediatoren im Tandem arbeiten, übernimmt ein Mediator die Rolle, die Argumente der nicht anwesenden Partei einzubringen, der andere Mediator bleibt in der moderierenden Rolle.

4. Schritt: Erarbeitung des Variantenpapiers

Der Mediator stellt die verschiedenen Ideen zur Lösung in einem Variantenpapier zusammen. Manchmal ist es sinnvoll, dass der Mediator weitere Varianten anbietet, die sich aus seiner Kenntnis der gesetzlichen oder strukturellen Rahmenbedingungen ergeben. Die Parteien erhalten das Variantenpapier.

5. Schritt: Gespräche zur Konfliktregelung

Der Mediator bearbeitet mit den Parteien die unterschiedlichen Lösungsmöglichkeiten anhand des Variantenpapiers. Der Mediator bringt dabei wieder aktiv die Argumente der anderen Seite ein. Zum Schluss wird genau besprochen, welche Lösungen in eine Vereinbarung einfließen können.

6. Schritt: Erarbeitung des Entwurfs einer Vereinbarung
Der Mediator erarbeitet den Entwurf einer Vereinbarung. Beide Parteien erhalten den Entwurf.

7. Schritt: Vereinbarung
Der Mediator bespricht den Entwurf der Vereinbarung mit den Parteien.

Parteien und Mediator unterzeichnen die Vereinbarung.

Beispiel

Zwei Manager eines internationalen Unternehmens haben einen Konflikt, den sie in den nächsten 2 Monaten klären müssen. Beide sind grundsätzlich bereit. Sie haben allerdings nur ein Zeitfenster von 3 Stunden in einem Monat für eine gemeinsame Sitzung. Vorher und nachher gibt es keine Möglichkeit, sich zu treffen.

Der Mediationsplan könnte folgendermaßen aussehen:
1. Aushandlung des Mediationsvertrages über E-Mail
   Zeit: 1. Woche
2. Darstellung der Sichtweisen und Erarbeitung der Agenda im Shuttle-Verfahren über Einzelgespräche, E-Mail und Protokolle
   Zeit: 2. und 3. Woche
3. Konflikterhellung und Herausarbeitung der Interessen in der gemeinsamen Sitzung
   Zeit: 4. Woche
4. Erarbeitung von Varianten und Lösungssuche durch E-Mail im Shuttle-Verfahren
   Zeit: 5. und 6. Woche
5. Erarbeiten der Vereinbarung durch E-Mail
   Zeit: 7. Woche

Dies wäre eine normale Mediation, in den Formen angepasst an die Lebenswelt und Arbeitsweise in internationalen Unternehmen.

Shuttle Mediation

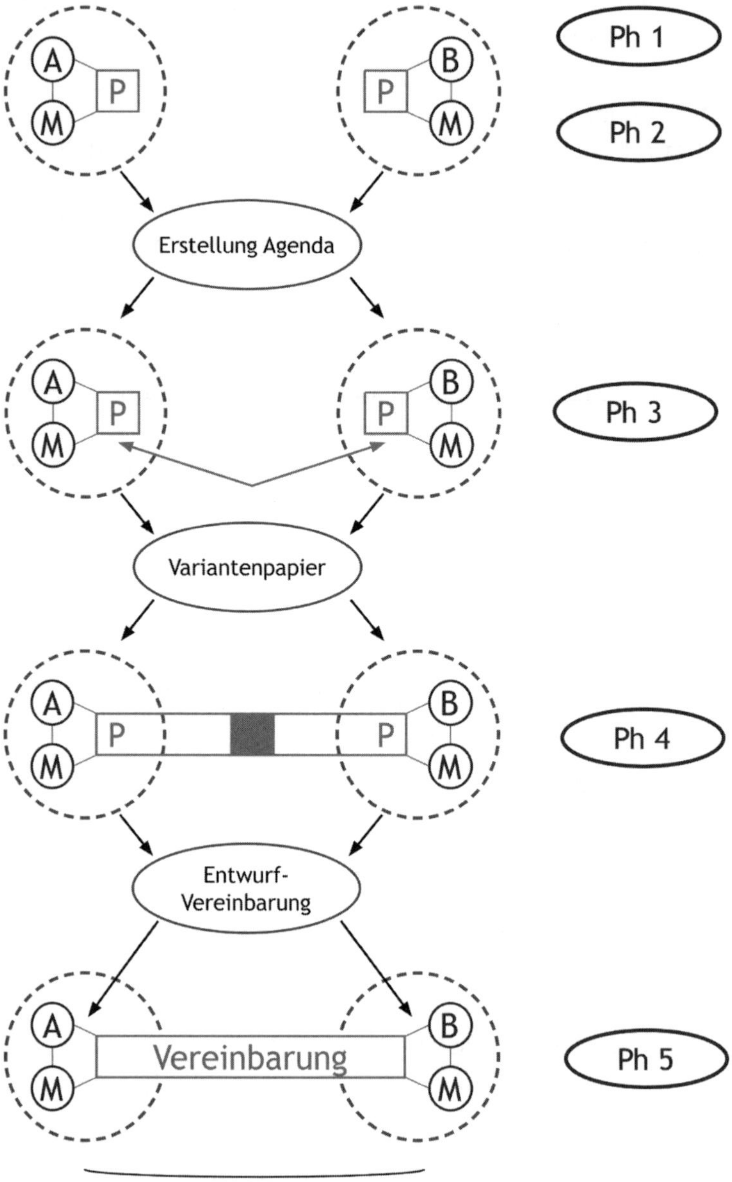

P: Papier
Zusammenfassung von A/B, die der Gegenseite übergeben wird.

Abb. 5.11 Shuttle-Mediation

5.3 Technik Nr. 5: Verhandeln in der Mediation

Viele Arbeitskonflikte in Organisationen haben materielle Ursachen. Seien es unterschiedliche Interessen bei der Verteilung von Budgets, bei der Entscheidung über Ressourcen, unterschiedliche Meinungen über Zuständigkeiten, Arbeitszeitregelungen oder Streit bei der Verrechnung interner Dienstleistungen. Diese ursprünglich »nur« materiellen Konflikte können sich natürlich zu handfesten personalen Konflikten entwickeln, wenn sie nicht bearbeitet werden. Je früher diese materiellen Ursachen erkannt werden, um so schneller können derartige Konflikte geklärt werden. Gut vorbereitet können materielle Konflikte in ein oder zwei Sitzungen geregelt werden.

5.3.1 Grundlagen

Bei der materiellen Konfliktregelung steht die Ergebnisorientierung an erster Stelle. Das Herausarbeiten persönlicher Interessen und Bedürfnisse – wie im klassischen Setting – spielt nur eine begrenzte Rolle.

Es geht darum, ein klar umschriebenes materielles Problem, das die Arbeitsbeziehung belastet, zu regeln und in einem bestimmten Kontext oder Zeitrahmen einen Ausgleich zwischen unterschiedlichen Interessen zu finden. Je klarer der Rahmen durch festgelegte Prozesse, Termine oder Führungsentscheidungen bestimmt ist, um so zügiger kann in der Regel ein Ergebnis erreicht werden.

Das zeigen auch die umfangreichen Erfahrungen aus der amerikanischen Wirtschaftsmediation. Amerikanische Wirtschaftsmediatoren verbinden in der Bearbeitung materieller Konflikte Elemente des Verhandelns nach dem Harvard-Konzept mit Formen der Mediation – immer mit dem Ziel, im Interesse der Kunden möglichst schnell und kostengünstig ein Ergebnis zu erreichen. Im Jahresbericht von JAMS – einer der größten Wirtschaftsmediationsfirmen der USA wird an prominenter Stelle festgehalten: »80% settles in one day«. Lediglich in sehr komplexen Fällen wird von den interviewten Mediatoren ein zweiter Tag eingeräumt.« *(Patera/Gamm 2004: 185)*

In dem Forschungsbericht zum Vergleich der Wirtschaftsmediation in verschiedenen Ländern beschreiben sie auch das Vorgehen in der materiellen Konfliktbearbeitung in den USA. Dabei machen sie deutlich, dass viel Wert auf die Vorbereitung – die Premediation – gelegt wird. In dem der Mediation zugrundeliegenden Mediationsvertrag vereinbaren die Parteien und der Mediator in der Regel, dass die während der Mediation gewonnenen Informationen vertraulich zu behandeln sind und somit auch nicht in einem späteren Gerichtsverfahren verwertet werden können. *(Schoen 2003: 122)*

»Ausweislich der US-amerikanischen Unternehmensumfrage von Lipsky/Seeber haben 87% der befragten Unternehmen Mediationsverfahren bereits eingesetzt. Dabei setzen 19% der Unternehmen die Mediation häufig oder sehr häufig ein, weitere 43% setzen Mediation gelegentlich ein.... Als Gründe für den Einsatz gaben 89,2% der Unternehmen Kostenersparnisse, 80,1 % Zeitersparnisse und 82,9 % die Möglichkeit einer autonomen Entscheidung an.« *(Schoen 2003: 126)*

Der typische Ablauf einer US-amerikanischen Wirtschaftsmediation lässt sich grob in drei Phasen einteilen:

1. Opening session
   In relativ kurzer Zeit wird dabei die Phase 1 – Einleitung – mit der Erläuterung des Rahmens und der Regeln durch den Mediator und die Phase 2 – Darstellung der Sichtweisen – mit den Statements der Parteien bearbeitet.
2. Caucausing
   Danach wird das als Caucausing (Einzelgespräche) bezeichnete Verfahren der Wirtschaftsmediation in Gang gesetzt. Die Parteien werden getrennt und in unterschiedlichen Räumen platziert. In Verfahren zwischen Unternehmen (BtoB) werden sie dabei oft von Rechtsanwälten, in innerbetrieblichen Verfahren von Interessens- oder Gewerkschaftsvertretern begleitet. Der Mediator pendelt solange zwischen den Parteien, bis sich eine Einigung abzeichnet.
3. Close
   Danach holt der Mediator die Parteien wieder an einen Tisch und bespricht mit ihnen die Einzelheiten einer möglichen Vereinbarung.

Neben diesen Formen der Wirtschaftsmediation gibt es in den USA inzwischen eine Reihe von Settings, die zwischen Mediation, Recht und Schiedsgerichtsbarkeit changieren. *(Schoen 2003: 115ff.)*

5.3.2 Formen der Anwendung

Die Erfahrungen der US-amerikanischen Wirtschaftsmediatoren bieten auch für die Mediation im deutschsprachigen Raum interessante Aspekte. Der Pragmatismus, die Konzentration auf die Klärungspunkte und die Beachtung des Zeitfaktors sind beeindruckend.

Gleichzeitig sind die Arbeitsweisen nicht einfach übertragbar. Dazu sind die Unterschiede im Rechtssystem und den Unternehmenskulturen zu groß. Es ist notwendig, diese Erfahrungen genau zu studieren und sie entsprechend unserer Bedingungen zu adaptieren. Dieser Prozess hat erst begonnen. Das »Verhandeln in der Mediation« ist ein Versuch, bei überwiegend materiellen Konflikten schnell und ergebnisorientiert eine Einigung zu erzielen. Neben der Bearbeitung überwiegend materieller Konflikte im und im Umfeld von Organisationen ist die Methode gut einsetzbar im Rahmen institutionalisierter Verfahren wie z. B. dem Beschwerdemanagement. Vergleichbare Techniken werden auch von mehreren Rechtsschutzversicherungen erprobt.

5.3.3 Schritte

1. Vorphase

Beim ersten Kontakt wird geklärt, ob es sich tatsächlich um einen überwiegend materiellen Konflikt handelt und welche personalen oder strukturellen Aspekte zu beachten sind. Danach erläutert der Mediator das Verfahren, den Ablauf und die Grundregeln wie Vertraulichkeit und Neutralität. Ebenso wird geklärt, wie das Ergebnis der verantwortlichen Führungskraft und der/den befassten Konfliktanlaufstellen mitgeteilt wird. Dies wird in der internen Mediationsvereinbarung festgehalten. Mit dem externen Mediator wird ein Mediationsvertrag geschlossen.

2. Vorbereitung

In Einzelgesprächen unterstützt der Mediator die Parteien, sich gründlich auf das »Verhandeln in der Mediation« vorzubereiten. Dabei nutzt er als Grundlage das Arbeitsblatt: »Die 7 Ebenen im Verhandlungsprozess.«

Die Parteien können die gefundenen Ergebnisse dann mit Personen ihres Vertrauens besprechen, um sich über ihre Ziele, Forderungen und Kompromissmöglichkeiten klarer zu werden.

Die 7 Ebenen im Verhandlungsprozess

1. Interessen	
Meine Interessen	Interessen der anderen

2. Optionen
Wie könnte eine Übereinkunft oder Teile einer Übereinkunft aussehen?

3. Kommunikation
Welche Punkte muss ich beachten, um den/die anderen zu verstehen und von den anderen verstanden zu werden?

4. Alternativen	
Was kann ich tun, wenn es zu keiner Übereinkunft kommt? Mögliche Alternativen für mich:	
1. Alternative	
Vorteile	Nachteile
2. Alternative	
Vorteile	Nachteile
3. Alternative	
Vorteile	Nachteile
BATNA: meine beste Alternative WATNA: meine schlechteste Alternative	

5. Legitimität	
Welche Grenzen bei mir und den anderen dürfen nicht überschritten werden?	
Meine Grenzen	Grenzen der anderen
Was ist notwendig für eine faire Verhandlung?	
Meine Grenzen	Grenzen der anderen

6. Beziehung	
Wie kann ich meine Position klar vertreten, ohne die Beziehung zu der anderen Person zu verschlechtern?	
Problem	Person

7. Zugeständnisse	
Welche Zugeständnisse sind von beiden Seiten möglich?	
Von meiner Seite	Von anderer Seite

Abb. 5.12 Sieben Ebenen im Verhandlungsprozess

3. Das »Verhandeln in der Mediation«

Die Konfliktklärung erfolgt in einer Sitzung mit mehreren Abschnitten.

a) Darstellung der Sichtweisen: Der Mediator erläutert noch einmal den Rahmen und Ablauf der Mediation und bittet dann die Parteien, ihre vorbereiteten Positionen nacheinander vorzutragen. Der Mediator fragt nach, spiegelt und fasst die wesentliche Punkte zusammen. Gemeinsam mit den Parteien erarbeitet er die Liste der zu klärenden Punkte – die Agenda.

b) Wenn die Agenda erarbeitet ist, bespricht er mit den Parteien das weitere Verfahren und bietet den Parteien 2 Varianten an:
   - Gemeinsam weiter die einzelnen Punkte zu bearbeiten
   - Getrennt in verschiedenen Räumen weiter zu verhandeln, wobei der Mediator hin und her pendelt. Die Parteien können so ihr Vorgehen bei jedem Punkt telefonisch mit ihren Gewährsleuten besprechen. Ebenso wenn schon von vornherein Rechtsanwälte oder Interessenvertreter an dem Verfahren teilnehmen.

   Wenn beide Parteien gemeinsam weiterarbeiten wollen, ist der Weg klar.
   Wenn nur eine Partei die Variante 2 will, wird dieser Weg ohne weitere Diskussion eingeschlagen.

c) Wenn in den wesentlichen Punkten eine Annäherung erreicht wurde, holt der Mediator die Parteien wieder an den gemeinsamen Tisch, um die Ergebnisse zu besprechen.

4. Entwurf für eine Vereinbarung
Nach der Sitzung übernimmt der Mediator die Aufgabe, die Ergebnisse in einen Entwurf für eine Vereinbarung umzuarbeiten. Die Parteien erhalten diesen Entwurf und können genau prüfen, was sie unterschreiben wollen. Diese Phase des nochmaligen Überlegens und Abwägens ist bei der materiellen Konfliktregelung besonders wichtig.

5. Vereinbarung
In der abschließenden gemeinsamen Sitzung wird die Vereinbarung Punkt für Punkt besprochen. Wenn über alle Punkte eine Einigung erzielt wurde, wird die Vereinbarung unterschrieben. Gemeinsam wird geklärt, wie mit den Ergebnissen umgegangen wird und wer wie informiert wird.

Verhandeln in der Mediation

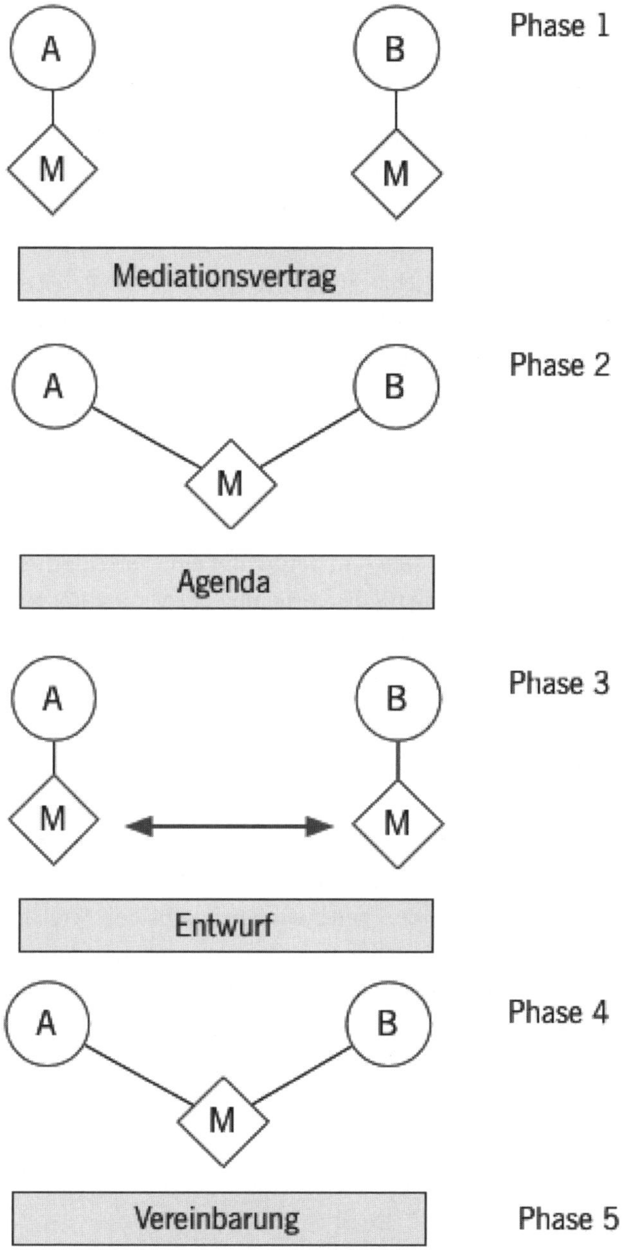

Abb. 5.13 Verhandeln in der Mediation

Beispiel

Im Entwicklungsbereich eines Lebensmittelherstellers werden für die Produktentwicklung in zwei verschiedenen Bereichen dringend Ingenieure gesucht. Beide Abteilungen arbeiten mit unbesetzten Stellen.
Aufgrund einer großangelegten Anzeigenkampagne für das gesamte Unternehmen konnten drei Ingenieure mit dem entsprechenden Profil für die beiden Bereiche gewonnen werden. Jeder Bereich bräuchte aber mindestens zwei Fachkräfte. Dem Geschäftsführer wird von beiden Bereichsleitern nachvollziehbar und eindringlich deutlich gemacht, warum auf jeden Fall zwei Personen in ihrem Bereich eingestellt werden müssen. In einem Meeting des Managementteams kommt es zur lautstarken Auseinandersetzung zwischen den Bereichsleitern.

Der Geschäftsführer beauftragt einen Mediator, einen Verhandlungsprozess mit den beiden Bereichsleitern durchzuführen. Er schätzt die Kooperation der beiden Bereichsleiter sehr und befürchtet eine Verschlechterung, wenn keine gemeinsame Lösung für die Verteilung der Mitarbeiter gefunden wird. Der Mediator unterstützt die beiden Bereichsleiter in den Vorgesprächen anhand des Arbeitspapieres bei der Vorbereitung der gemeinsamen Sitzung. Beide sind bereit, eine gute Einigung für beide Bereiche zu finden.

In der gemeinsamen Sitzung gibt eine Übersicht der Projekte und Aufgaben und der damit verbundenen Arbeitsbelastungen für die nächsten 12 Monate die Denkrichtung vor. Sie treffen die Entscheidung, dass die drei neuen Ingenieure und noch 1–2 weitere interessierte Kollegen der Bereiche eine Art »Pool« bilden, der projektbezogen zwischen den beiden Bereichen eingesetzt wird. Rahmenbedingungen und Grenzen der Umsetzung werden von den beiden Bereichsleitern als Eckpunkte vorbesprochen, sollen aber mit den Mitarbeitern der Bereiche konkretisiert werden. Sie verabreden ebenso eine vierteljährliche Reflexion dieser Maßnahmen, um Schwierigkeiten frühzeitig zu erkennen.

Kapitel 6. Verfahren und Techniken der innerbetrieblichen Konfliktbearbeitung – Arbeit mit Gruppen

Moderne Arbeitsprozesse in Unternehmen sind geprägt von Gruppen- und Teamstrukturen. In manchen Bereichen arbeiten diese Gruppen über längere Zeit in festen Strukturen zusammen. In anderen Bereichen wechseln die Zusammensetzungen und Aufgabenstellungen in kurzen Abständen.

Das Arbeiten in Teams erfordert neben den fachlichen auch kommunikative Kompetenzen. Führungskräfte von Teams und Gruppen brauchen eine Sensibilität für Abläufe und Beziehungen.

Steigender Arbeitsdruck, fehlende planvolle Teamentwicklung und unklares Führungsverhalten führen zu erheblichen Problemen in Teams und Gruppen. Diese Konflikte beeinträchtigen die Arbeitsergebnisse und verursachen hohe Konfliktkosten. Wenn Konflikte in Teams und Gruppen entstanden sind, sollten sie auch dort bearbeitet werden. Das hat viele Vorteile: die Zusammenhänge und die Entstehung des Konflikts werden schneller sichtbar, alle Betroffenen werden gleichzeitig in die Bearbeitung einbezogen und die Lösungsoptionen werden variantenreicher. Wenn alle gemeinsam an der Lösungsfindung beteiligt sind, erhalten die Vereinbarungen eine höhere Verbindlichkeit.

Aber um Mediationsverfahren mit Gruppen und Teams zu gestalten, muss der Mediator zusätzliche Techniken und Methoden verwenden. Methoden aus der Moderation, der Teamentwicklung, der Gruppenarbeit und Großgruppentechniken werden in den Ablauf des Mediationsprozesses eingebaut. In diesem Kapitel werden vier Techniken vorgestellt, die in unterschiedlichen Gruppenkonstellationen in der Bearbeitung von Konflikten eingesetzt werden können.

Die Basismethode ist die Technik Nr. 6 – Teamkonfliktmoderation, die bei Konflikten in Gruppen unterschiedlicher Größe eingesetzt werden kann.

Für die Bearbeitung von Konflikten zwischen Gruppen ist die Technik Nr. 7 – Gruppenmediation gedacht.

Speziell für die Bearbeitung materieller Konflikte zwischen Gruppen ist die Technik Nr. 8 – Verhandeln zwischen Gruppen ausgearbeitet worden.

Für komplexere Bearbeitungen ist die Technik Nr. 9 – Großgruppenmediation vorgesehen. Wobei in Großgruppenmediationen je nach Ziel und Umfang der Gruppen und Konfliktlagen jeweils eigene Settings mit Methoden aus den anderen mediativen Gruppentechniken und weiteren allgemeinen Großgruppentechniken eingebaut werden.

6.1 Technik Nr. 6: Teamkonfliktmoderation

6.1.1 Ausgangssituation

Teamkonfliktmoderation ist sinnvoll, wenn

- die Kooperation im Team schwierig ist
- die Ergebnisse in der Arbeit schlechter werden
- die Problemlagen unübersichtlich sind
- Krankmeldungen und Fehltage ungewöhnlich stark zunehmen

6.1.2 Grundlagen

- In der Teamkonfliktmoderation arbeitet der Mediator mit dem gesamten Team, um die Dynamik der Gruppe auch für die Bearbeitung von Einzelkonflikten zu nutzen.
- Die Grundregel lautet: Soviel wie möglich gemeinsam bearbeiten, soviel wie nötig im geschützten Raum (Einzelgespräche, Gespräche in kleinen Gruppen).
- In der Teamkonfliktmoderation sind die drei Ebenen: Person-Gruppe-Leitung zu beachten.

Die Besonderheit der Arbeit mit Gruppen und Teams besteht darin, dass die Logik der Arbeit in den einzelnen Phasen der Mediation gleichbleibt, aber die Techniken der Bearbeitung sich wegen der Komplexität und Gruppenvielfalt ändern.

Ziel:

- Die Kooperation im Team klären
- Bessere Ergebnisse erzielen

6.1.3 Formen der Anwendung

Die Technik Nr. 6: Teamkonfliktmoderation – von Kurt Faller Mitte der 90iger Jahre entwickelt – ist die am längsten erprobte und am häufigsten angewandte Technik in der Konfliktbearbeitung in Gruppen. Die Verbindung von Mediation und Moderationstechniken schafft eine klare Struktur für den Prozess, bringt die Vorteile der Mediation in der Gruppe zur Geltung und betont die Eigenverantwortung der Gruppe für die Lösung. Wenn es sich um eine intensive Konfliktbearbeitung handelt, sollte eine Gruppengröße von 8–12 Personen nicht überschritten werden.

Die Teamkonfliktmoderation kann in allen Situationen eingesetzt werden, die in Teams als schwierig und konflikthaft empfunden werden. Bewährt hat sich die Technik auch für die regelmäßige Reflexion und Standortbestimmung in Teams.

6.1.4 Schritte

Ablauf der Teamkonfliktmoderation

Schon die Entscheidung für eine Mediation – im Team oder von der Leitung getroffen – setzt einen Veränderungsprozess in Gang. Die Probleme sind offen benannt, sie sollen angegangen werden, was einerseits entlastet, andererseits auch verunsichert, weil es eine Veränderung der alten, dysfunktionalen, aber vertrauten Muster, Bilder und Einstellungen bedeutet und Lösungen noch nicht erkennbar sind.

Vorphase: Einzelgespräche

Im Vorfeld der Teamkonfliktmoderation führt der Mediator mit den Beteiligten Einzelgespräche. Dadurch kann er eine Einschätzung des Konfliktes vornehmen, und die Mediananden können ihre Sichtweisen im geschützten Rahmen darstellen und auch Dinge benennen, die sie im Beisein der Kollegen nicht sagen würden. Ferner werden in Einzelgesprächen oft schon Lösungsansätze geäußert.

Kommentar

Wenn das Budget begrenzt ist, kann der Mediator mit Fraktionen oder Interessensgruppen reden oder mit Sprechern dieser Untergruppen Vorgespräche führen.

Phase 1: Einleitung

1. Schritt: Vorbereitung der äußeren Bedingungen
- Wahl des Ortes
- Wahl des Zeitpunkts
- Gestaltung des Raums und der Sitzordnung
- Schreib- und Moderationsmaterial

2. Schritt: Klärung des Rahmens
- Mediator begrüßt die Parteien
- Mediator stellt sich selbst vor
- Klärung der Ziele der Mediation
- Klärung des Rahmens, in dem die Mediation stattfindet
- Erläuterung des Verfahrens und der Rolle des Mediators

3. Schritt: Regelfindung in der Gruppe
- Die Beteiligten werden gebeten, zu drei Fragen Stellung zu nehmen:
  - Was soll erreicht werden? (grüne Karten)
  - Was darf auf keinen Fall passieren? (rote Karten)
  - Welche Regeln sollen gelten? (gelbe Karten)
- Die Teilnehmer tragen ihre Karten jeweils nach Themen vor. Zuerst die grünen, dann die roten und zum Schluss die gelben Karten.
- Der Mediator fasst die Ergebnisse zusammen und macht u. U. Vorschläge für weitere Regeln.
- Der Mediator holt das Einverständnis der Parteien zu den Regeln ein.

4. Schritt: Klären, wer beginnt

Kommentar
Nimmt die Teamleitung an der Mediation teil, sollte das Interview mit ihr als erstes oder als letztes stattfinden. Dies muss der Mediator im Vorfeld mit der Führungskraft absprechen. Wenn sie als erste spricht, gibt sie durch ihre Äußerungen eine Richtung vor, die Teammitglieder werden sich auf ihre Vorgaben beziehen. Dies kann Sicherheit geben – z. B. wenn es einen problematischen Vorfall gegeben hat oder wenn das Verhältnis zur Leitung angespannt ist. Der Mediator sollte dieses Interview mit der Leitung gut vorbereiten und dafür sorgen, dass sie – neben kritischen Punkten – auch positive Aspekte benennt.

Wenn die Teamleitung an der offenen Meinung aller Teammitglieder zu einem Themenbereich interessiert ist und keine Richtung vorgeben will oder wenn sie die Eigeninitiative des Teams aktivieren möchte, ist es günstig, wenn sie als letzte redet.

Phase 2: Darstellung der Sichtweisen

Es ist typisch für konflikthafte Konstellationen, dass Personen sich nicht (mehr) zuhören. In Teams reagieren die Mitglieder auf Schlagworte oder auf nonverbale Signale einzelner Personen, die Kommunikation dreht sich oft im Kreis bzw. bewegt sich in den immer gleichen Bahnen.

5. Schritt: Darstellung der Sichtweisen

- Der Mediator spricht mit jeder Person separat über ihre Ansichten zum Thema. Die anderen Teilnehmer hören zu und notieren ihre Bemerkungen zu den Äußerungen der anderen Parteien oder eigene Gedanken auf dem Arbeitsblatt.

Das war neu für mich	Dazu muss ich etwas sagen	Darüber können wir verhandeln

Abb. 6.1 Arbeitsblatt Teamkonfliktmoderation

- Die Kommunikation läuft in diesem Schritt ausschließlich über den Mediator. Der Mediator wiederholt, fasst zusammen und formuliert die genannten Aspekte in nicht wertender Sprache. Im Gespräch mit den einzelnen Parteien arbeitet er wesentliche Punkte heraus, indem er paraphrasiert oder durch Nachfragen akzentuiert.
- Wenn alle ihre Sichtweisen dargelegt haben, schreiben die Teilnehmer die Aspekte und Gedanken, die ihnen wichtig sind, nach den Kategorien des Arbeitsblattes auf Moderationskarten:

Das war neu für mich	grüne Karten
Dazu muss ich etwas sagen	rote Karten
Darüber können wir verhandeln	gelbe Karten

Kommentar
Das Aufnehmen und Zuhören, ohne antworten oder reagieren zu können, ist eine hohe Anforderung für die Teilnehmenden. Die Grenze der Aufnahmefähigkeit der Gruppe ist meist bei 10–12 Einzelgesprächen erreicht. Bei größeren Gruppen empfiehlt es sich, Einzelgespräche mit Kleingruppen zu führen.

6. Schritt: Rückmelderunde

- Die Karten werden präsentiert.
  Der Mediator nimmt von den Teammitgliedern zunächst die grünen, dann die roten und anschließend die gelben Karten entgegen und hängt sie an eine Stellwand. Er stellt Verständnis- oder Konkretisierungsfragen, lässt aber keine Diskussion über Inhalte zu.
  Bei den Karten geht es nicht um inhaltliche Reaktionen, sondern um die Erarbeitung der Agenda, das heißt die Ordnung der Themen, die im weiteren Verlauf des Mediationsverfahrens bearbeitet werden.

7. Schritt: Agendavorschlag

- Nach der Rückmelderunde haben die Teilnehmer Pause. Währenddessen ordnet der Mediator die Karten in Themenbereiche und formuliert neutrale, nicht wertende Oberbegriffe. Diese Oberbegriffe hängt er nebeneinander auf Moderationskarten an eine Stellwand.
- Dieser Agendavorschlag wird mit dem Team diskutiert, ggf. verändert, korrigiert oder ergänzt.
- Der Mediator ordnet gemeinsam mit dem Team die Rückmeldekarten den Agendapunkten zu. Wenn einzelne Karten nicht zuzuordnen sind, legt er einen Themenspeicher an.
  Eine Agenda könnte z. B. folgendermaßen aussehen:
  – Feedback im Team
  – Klärung von Rollen und Arbeitsaufgaben
  – Berücksichtigung der Kunden-/Klientenwünsche
  – Einholen einer zusätzlichen Expertise zum Thema ...
  – Klärung zwischen A und B
  – Klärung des Rahmens, in dem Veränderung möglich/gewollt ist mit der nächsten Leitungsebene
  – ...

8. Schritt: Verabschiedung der Agenda

- Der Mediator bespricht mit den Beteiligten die Reihenfolge der zu bearbeitenden Themen.
- Das Team verabschiedet die Agenda.

Kommentar

Gutes Zeitmanagement ist in der Teamkonfliktmoderation für den Mediator entscheidend. Je nachdem, wie viel Zeit verabredet ist, muss zum Abschluss der Sequenz auf jeden Fall Schritt 8 erreicht werden. Dies ist auch bei konflikthaften Themen erfahrungsgemäß an einem Tag leistbar, wenn der Mediator im Vorfeld berechnet, wie viel Zeit für jedes Interview zur Verfügung steht, die Rückmelderunde und die Erstellung der Agenda zeitlich strukturiert und genügend Zeit für Pausen einplant. Die Orientierung an der Struktur erleichtert dem Mediator, Verantwortung nur für den Prozess und nicht für Inhalte zu übernehmen.

Es hat sich bewährt, mit Teams in dieser Form in einem Rahmen von zwei Tagen zu arbeiten. Mitunter steht insgesamt nur ein Tag zur Verfügung. Dann ist es wichtig, für den 9. Schritt – Vorschläge zur Klärung der Agendapunkte – Verabredungen zu treffen, damit der Prozess weiter geht.

Phase 3: Konflikterhellung

In der Konflikterhellung geht es darum, die Hintergründe, Interessen und Bedürfnisse der konflikthaften Themen herauszuarbeiten.

Bevor dies geschieht, ist es wichtig abzusprechen, bei welchen Themen alle Mitglieder einbezogen werden müssen, was im Zweier-Kontakt geklärt werden kann, bei welchen Themen die Unterstützung des Mediators wichtig ist, in welcher Frage zusätzliche Informationen eingeholt werden müssen, zu welchem Punkt Leitung gefragt werden muss, zu welchem Thema eine Untergruppe Vorschläge entwickeln kann usw.

Die »Öffentlichkeit« des Teams kann für das Besprechen bestimmter Themen eher hinderlich sein. Wichtig ist deutlich zu machen, dass das Gesamtteam über Ergebnisse informiert wird, auch wenn es nicht bei jedem Schritt beteiligt ist.

9. Schritt: Vorschläge zur Klärung der Agendapunkte

- Der Mediator bespricht mit der Teamleitung oder im Team, wie die genannten Problempunkte – im Rahmen der zur Verfügung

stehenden Möglichkeiten – bearbeitet werden. Er macht Vorschläge, welche Punkte sinnvollerweise gemeinsam und mit Unterstützung geklärt werden sollten, welche Klärungen zwischen zwei Personen stattfinden sollten und zu welchen Themen in Arbeitsgruppen Vorschläge entwickelt werden. Es wird eine Entscheidung über das Vorgehen in jedem einzelnen Punkt getroffen.
In Bezug auf die o. g. Agenda könnte das bedeuten:
- Die Themen Feedback, Rollen und Arbeitstaufträge werden in 2 Sitzungen à 2 Stunden mit dem Mediator bearbeitet.
- Eine Arbeitsgruppe macht Vorschläge, wie Kunden-/Klientenwünsche stärker berücksichtigt werden können.
- Zum Thema ... wird ein Experte zu einer Sitzung eingeladen.
- A und B führen ein Klärungsgespräch mit dem Mediator.
- Die Teamleitung spricht mit der nächsten Führungsebene über den konkreten Rahmen der Veränderung.

- Dieser Vorschlag wird entweder am zweiten Klausurtag dem Team vorgestellt und diskutiert oder wenn es keine zusammenhängenden Tage sind, von der Teamleitung an das Team vermittelt. Das Team braucht die Sicherheit, dass die Themen weiter bearbeitet werden.

10. Schritt: Bearbeitung der Agendapunkte
- Die unter Schritt 9 getroffenen Verabredungen zur Klärung der einzelnen Agendapunkte werden umgesetzt. Hier geht es noch nicht um Lösungen und Ergebnisse.

Phase 4: Problemlösung

11. Schritt: Lösungsideen
- Die Teammitglieder entwickeln Lösungsideen. Der Mediator übernimmt Moderation und Verhandlungsführung für die von den Beteiligten entwickelten Lösungsvorschläge.
  Techniken der 4. Phase sind beispielsweise Kreativitätstechniken, Mind-Map-Methoden, Zielbilder und Aufstellungen.
- Der Mediator erstellt eine Konsens-Dissensliste und moderiert die Verhandlung über die Dissenspunkte.

Phase 5: Vereinbarung
Die erarbeiteten Ergebnisse werden schriftlich formuliert.

12. Schritt: Vereinbarung

- Der Mediator stellt die einzelnen Punkte des von ihm erstellten Entwurfs zur Vereinbarung vor.
- Die Beteiligten diskutieren die Vorschläge.
- Der Mediator fasst die Ergebnisse zusammen.
- Er vereinbart einen Follow-up-Termin mit dem Team.

Überblick über den Ablauf der Teamkonfliktmoderation

Vorphase	Einzelgespräche
Phase 1	1. Schritt: Vorbereitung der äußeren Bedingungen
	2. Schritt: Klärung des Rahmens
	3. Schritt: Regelfindung in der Gruppe
	4. Schritt: Klären wer beginnt
Phase 2	5. Schritt: Sichtweisen der einzelnen Personen
	6. Schritt: Rückmelderunde
	7. Schritt: Vorschlag zur Agenda
	8. Schritt: Zustimmung zur Agenda
Phase 3	9. Schritt: Vorschläge zur Klärung der Agendapunkte
	10. Schritt: Bearbeitung der einzelnen Agendapunkte
Phase 4	11. Schritt: Lösungsideen werden zusammen getragen
Phase 5	12. Station: Vereinbarung

Abb. 6.2 Ablauf der Teamkonfliktmoderation

Beispiel

Im Auftragsklärungsgespräch mit dem Betriebsrat einer Kaufhauskette ging es um eine Betriebsratsklausur zur internen Zusammenarbeit. Die Betriebsräte beschrieben die Situation folgendermaßen: der Betriebsrat sei sehr erfolgreich und effektiv, wenn es darum gehe, gemeinsam gegen Außenfeinde zu kämpfen. Lange sei dies die Geschäftsleitung gewesen. Die neue Personalleiterin zeige sich dem Betriebsrat gegenüber sehr offen und kooperativ, so dass es Unklarheiten innerhalb des Gremiums über den weiteren Kurs gebe und auch interne Spannungen deutlich würden.

Vereinbart wurden ein Tag für Vorgespräche mit jedem Betriebsratsmitglied sowie eine zweitägige Klausur außerhalb des Betriebes.

In den Vorgesprächen mit den Betriebsräten kristallisierten sich folgende Themen heraus:

- Der Vorsitzende, der diese Position seit 12 Jahren innehatte, war im letzten Jahr wegen Krankheit mehrfach ausgefallen und hatte sich für den vorzeitigen Ruhestand entschieden. Er thematisierte sein Ausscheiden und die Zukunft des Betriebsrates aber nicht, was zu Verunsicherung führte. Die Haltung innerhalb des Betriebsrates war gespalten: einige waren der Meinung, man dürfe ihn nicht noch mehr belasten, andere waren der Meinung, die Themen »Zukunft des Betriebsrates und Übergabe« müssten dringend angesprochen werden.
- Fast alle Mitglieder erlebten die Betriebsratssitzungen als anstrengend, wenig strukturiert und wünschten sich eine bessere Gesprächskultur. Gestik und Mimik einzelner KollegInnen sowie ironische Bemerkungen führten zu Verunsicherungen bis zum Verstummen und zu Überlegungen, aus dem Gremium auszusteigen.
- Ein BR-Mitglied löste mit seinem Verhalten bei fast allen KollegInnen Ärger aus. Es wurde ihm unterstellt, er engagiere sich nur bei Themen, die seinen direkten Arbeitsbereich betreffen und boykottiere Entscheidungen, die mehrheitlich, aber ohne seine Zustimmung getroffen würden.

Der Betriebsrat, über den sich viele ärgerten, hatte sich am ersten Klausurtag krank gemeldet, was zu Ärger, Verunsicherung und Hilflosigkeit führte. Nach einigen Überlegungen, wie mit der Situation umzugehen sei, einigte sich das Gremium mit Unterstützung der Mediatorin darauf, dass es in Ordnung sei, auch über den abwesenden Kollegen zu sprechen, wichtig sei der Transfer an ihn.

In der gemeinsamen Sitzung führte die Mediatorin vor den anderen Gremiumsmitgliedern mit jedem Betriebsrat ein Einzelinterview. Die anderen notierten sich ihre Gedanken auf einem vorbereiteten Blatt zu den Aspekten:

- Das war neu
- Dazu muss ich unbedingt etwas sagen
- Darüber können wir verhandeln

Entsprechend der Themen der Vorgespräche strukturierte die Mediatorin die Einzelinterviews folgendermaßen:

- Was läuft gut in der Zusammenarbeit, was sollte auf jeden Fall fortgeführt oder erweitert werden?
- Was läuft weniger gut, was sollte verändert werden?
- Welche Themen müssen angesprochen werden?
- Wie erleben Sie die interne Kommunikation im Betriebsrat, wie gut können Sie sich einbringen?

- Wodurch könnte die Arbeit effektiver und zufriedenstellender werden?
- Was muss für die Zukunft besprochen, geregelt werden?

Durch die offenen Fragen nach der Zukunft und nach Klärungsthemen konnten das Ausscheiden des bisherigen Vorsitzenden und die Wirkungen seiner gesundheitlichen Belastungen thematisiert werden. Zwei Mitglieder sprachen über ihre Verunsicherung in den Sitzungen, die durch die Reaktionen und Verhaltensweisen von KollegInnen in den Sitzungen ausgelöst wurden. Der Ärger über den abwesenden Kollegen wurde ausgedrückt.

Das Verfahren, nicht direkt auf den Vorredner einzugehen und zu diskutieren, war den Betriebsratsmitgliedern nicht vertraut. Im nachhinein sagten sie, sie hätten noch nie so viel von den KollegInnen erfahren, aber es sei eine große Herausforderung gewesen, wirklich zuzuhören.

In der Rückmelderunde zu den Einzelinterviews zeigte sich der BR-Vorsitzende berührt über die Rückmeldungen zu seiner Krankheit und gestand ein, dass er sehr mit sich selbst beschäftigt gewesen sei und die Zukunft des Gremiums nicht im Blick gehabt habe.

Die Verunsicherung einer Kollegin und ihre Überlegung, das Gremium zu verlassen, löste Betroffenheit bei den angesprochenen Personen aus. Einer gab zu, dass Zynismus seine Form sei, mit seiner eigenen Verunsicherung umzugehen.

Nach der Rückmelderunde entwickelte die Mediatorin einen Agendavorschlag, der vom Gremium akzeptiert wurde.

Die Agenda des Betriebsrates lautete:
1. Gegenseitige Rückmeldung
2. Formen des Umgangs
3. Ausscheiden des Vorsitzenden und Planung der Zukunft
4. Struktur der Betriebsratssitzungen
5. Einbeziehen des abwesenden Kollegen

Mit der Erstellung der Agenda war der erste Klausurtag beendet. Am zweiten Tag wurde an den Agendapunkten gearbeitet. Viel Raum nahm die gegenseitige Rückmeldung ein.

Zum Abschluss wurde vereinbart, dass es ein Gespräch zwischen dem abwesenden Kollegen, dem Betriebsratsvorsitzenden, einem Gremiumsmitglied mit gutem Kontakt zum abwesenden Kollegen und der Mediatorin geben solle, in dem ihm die Kritikpunkte der Gremiumsmitglieder mitgeteilt werden sollten sowie der Verlauf und die Ergebnisse der zwei Klausurtage.

6.2 Technik Nr. 7: Gruppenmediation

6.2.1 Ausgangssituation

Der zu bearbeitende Konflikt besteht zwischen Gruppen, die einigermaßen klar zu definieren sind und sich selbst als mehr oder weniger verbundene Gruppe verstehen.

Abb. 6.3 Ausgangssituation

6.2.2 Grundlagen

Im Setting der Gruppenmediation laufen zwei Prozesse parallel: der Prozess in den Gruppen und der Prozess zwischen den Gruppen.

In beiden Prozessen ist eine Moderation durch Dritte sinnvoll, um ein positives Gesamtergebnis zu erreichen. Daher werden unterschiedliche Mediatoren-Positionen eingesetzt: zum einen die Position des Mediators mit der Verantwortung für den Gesamtprozess (Prozessmediator) und andererseits die Position der Gruppenmediatoren, die die Prozesse in den Gruppen moderieren und den Prozessmediator im Gesamtprozess unterstützen.

Die Rolle der Gruppenmediatoren ist besonders anspruchsvoll, da sie sich ständig in zwei Rollen bewegen: einerseits sind sie nah bei ihrer Gruppe, auf der anderen Seite sind sie Bestandteil der neutralen dritten Partei, des Mediatoren-Teams. Bei der Auswahl der Gruppenmediatoren ist zu beachten, dass sie die Akzeptanz der jeweiligen Gruppe haben, was durch eine gewisse Nähe zum Thema erleichtert wird. Sie sind jedoch nicht Teil der Gruppe und sollten keine eigenen Interessen haben. Gruppenmediatoren können auch interne Mediatoren oder Konfliktlotsen sein, während der Gesamtprozess von einem externen Mediator geleitet wird.

Abb. 6.4 Gruppenmediation

6.2.3 Formen der Anwendung

Die Technik der Gruppenmediation ist eine sehr wirkungsvolle, aber auch aufwändige Technik. Ihr Einsatz lohnt sich insbesondere dann, wenn Konflikte zwischen Abteilungen und Teams Arbeitsprozesse behindern. Besonders effektiv sind die Ergebnisse, wenn die Gruppenmediatoren interne Mediatoren sind und nur der Prozessmediator von außen kommt.

Bewährt hat sich dieses Herangehen auch in der Bearbeitung interkultureller Konflikte. Hier sollten die Gruppenmediatoren der Kultur der einzelnen Gruppen nahestehen und die jeweilige Sprache beherrschen.

6.2.4 Schritte. Ablauf der Gruppen-Mediation: Ein Prozess in 12 Schritten

Phase 1: Einleitung

1. Station: Rollenklärung im Mediatoren-Team

Der Prozessmediator und die Gruppenmediatoren treffen sich, um

- die unterschiedlichen Rollen zu klären
- sich über den Rahmen und das Verfahren zu verständigen
- die einzelnen Schritte zu planen

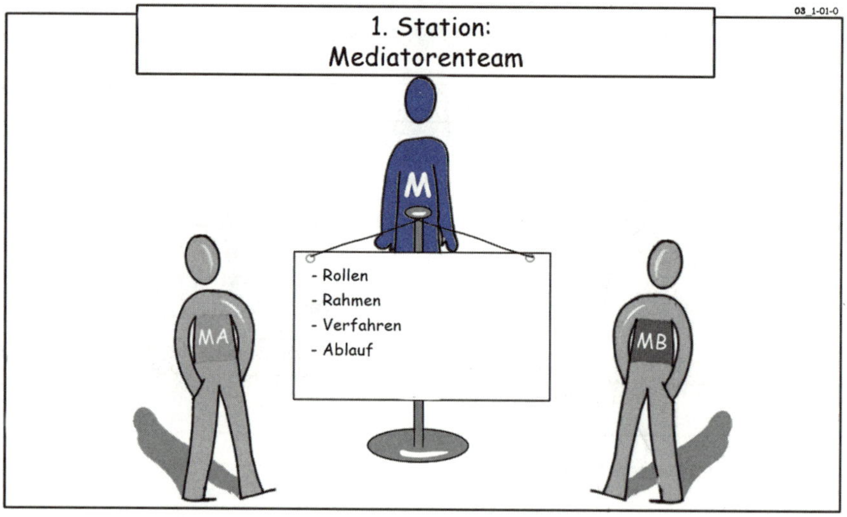

Abb. 6.5 Erste Station

2. Station: Vorbereitungssitzung in den einzelnen Gruppen

Die Gruppenmediatoren klären in ihren Gruppen alle Fragen zur Vorbereitung der Mediation, insbesondere zu Rahmen, Zielen, Regeln, ihrer Rolle als Gruppenmediatoren und der Rolle des Prozessmediators. Sie bereiten die Gruppe auf die erste gemeinsame Sitzung vor und planen mit der Gruppe die Darstellung ihrer Sichtweisen. Das Mediatorenteam hat abgesprochen, wie viel Zeit jeder Gruppe zur Darstellung ihrer Sichtweisen zur Verfügung steht, und der Gruppenmediator erarbeitet mit seiner Gruppe, wie sie diese Zeit nutzt. Es hat sich bewährt, wenn die Gruppe vorbereitete Visualisierungen einsetzt und sich auf einen oder zwei Sprecher einigt und die anderen nur bei Bedarf ergänzen.

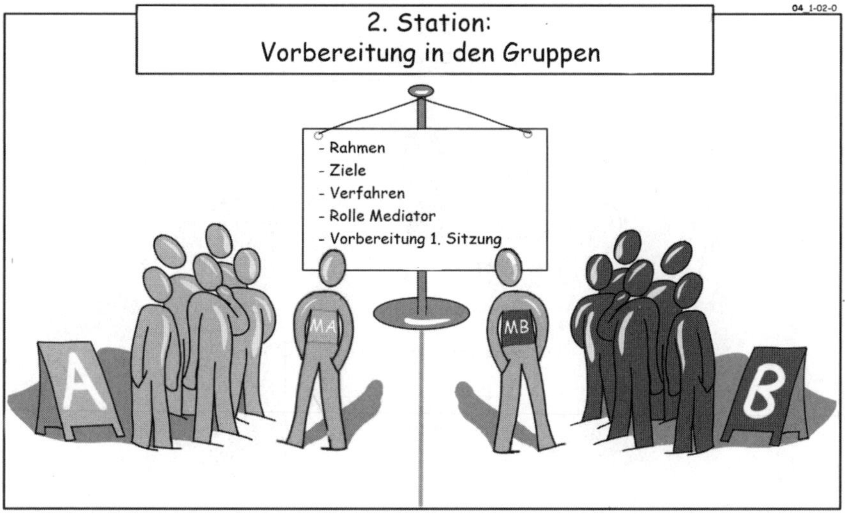

Abb. 6.6 Zweite Station

Kommentar

Der Gruppenmediator unterstützt die Gruppe, ihre Belange (Interessen, nicht nur Positionen) im Verfahren gut darzustellen, die Sichtweisen der anderen Gruppen aufzunehmen und Lösungen zu finden, mit der alle Gruppen leben können. Er ist nicht der Sprecher der Gruppe.

Phase 2: Darstellung der Sichtweisen

3. Station: Erste gemeinsame Sitzung

1. Schritt Darstellung der Interessen

Der Prozessmediator erläutert das Verfahren und klärt die Regeln und Rahmenbedingungen des Verfahrens. Er klärt mit den Gruppen, welche Gruppe beginnt und spricht mit jeder Gruppe einzeln, moderiert die Präsentation der jeweiligen Ansichten, fragt nach, spiegelt und fasst die Ergebnisse zusammen.

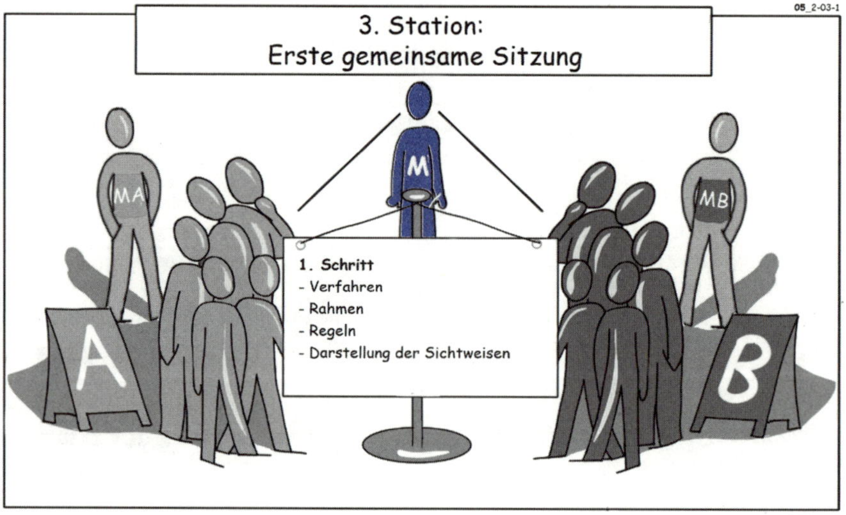

Abb. 6.7 Dritte Station 1. Schritt

Die anderen Gruppen hören zu und die Gruppenmitglieder machen sich auf den vorbereiteten Arbeitsblättern Notizen zu den 3 Aspekten:

Das war neu für mich	Dazu muss ich etwas sagen	Darüber können wir verhandeln

Abb. 6.8 Arbeitsblatt Gruppenmediation

2. Schritt Besprechung in den Gruppen

Nach Darlegung der Sichtweisen aller Gruppen wird die Sitzung unterbrochen und die Gruppen setzen sich mit ihren Gruppenmediatoren in vorbereiteten Räumen zusammen. Sie arbeiten ihre Notizen zu den Darstellungen der anderen Gruppen durch und überlegen, in welcher Form sie dazu Stellung beziehen wollen.

Die erarbeiteten Statements schreiben sie auf Moderationskarten:

Grün:	Das war neu
Rot:	Dazu müssen wir unbedingt etwas sagen
Gelb:	Darüber könnte man verhandeln

Jede Gruppe einigt sich auf maximal 5 Karten zu jeder Frage und klärt, welche Erläuterungen im Plenum zu den einzelnen Karten abgegeben werden.

Kommentar
Der zeitliche Rahmen für diesen Schritt ist begrenzt. Der Gruppenmediator sorgt dafür, dass die Gruppe – neben oft heftigen emotionalen Reaktionen auf die Äußerungen der anderen – eine gute Präsentation ihrer Rückmeldungen vorbereitet.

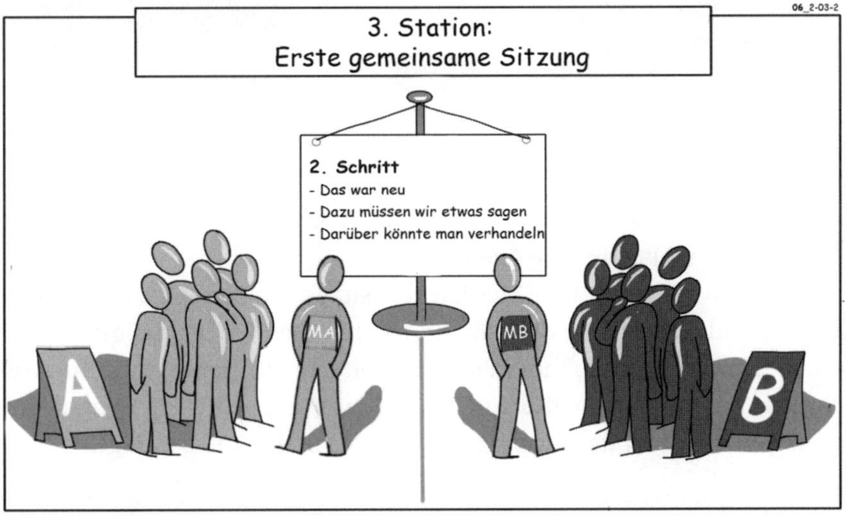

Abb. 6.9 Dritte Station 2. Schritt

3. Schritt Rückmelderunde

Die Gruppen treffen sich wieder im Plenum. Der Prozessmediator moderiert die Präsentation der Karten – die sog. Rückmelderunde. Von allen Gruppen werden zuerst die grünen, dann die roten und anschließend die gelben Karten aufgehängt und erläutert.

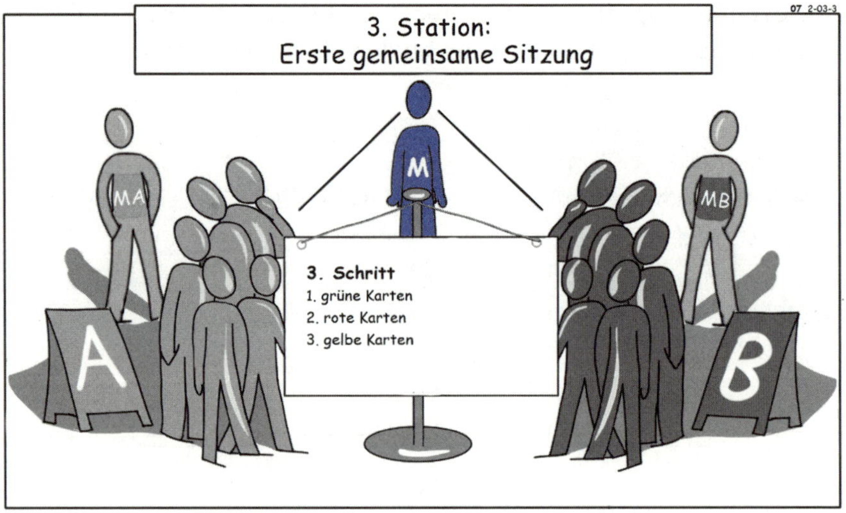

Abb. 6.10 Dritte Station 3. Schritt

4. Schritt Vorschlag für eine Agenda

Im Fish-Bowl-Setting (die Mediatoren sitzen im Innenkreis und diskutieren, alle anderen hören zu) erarbeiten die Mediatoren einen Vorschlag für die Agenda, indem sie das Gehörte aufgreifen und ihre Gedanken zu möglichen Klärungspunkten äußern. Dieser Agendavorschlag wird auf Moderationskarten an eine Stellwand gehängt.

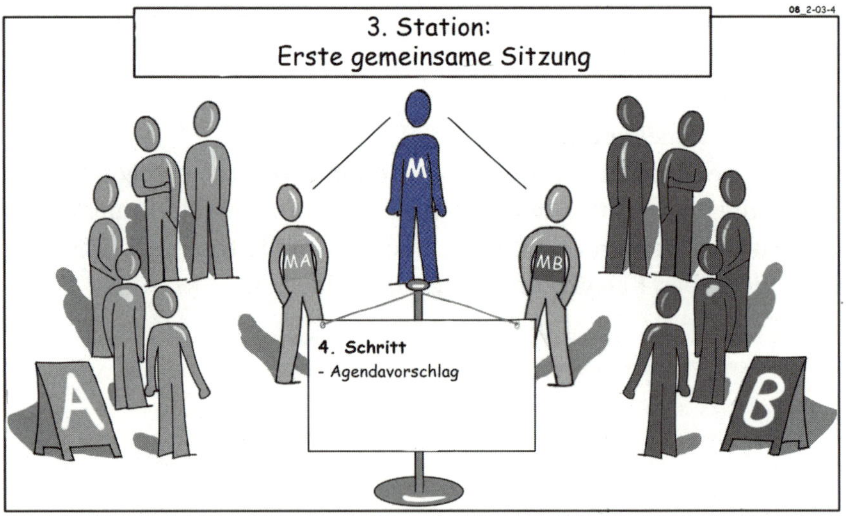

Abb. 6.11 Dritte Station 4. Schritt

5. Schritt Diskussion des Vorschlags
Der Prozessmediator diskutiert diesen Vorschlag mit den Teilnehmern. Er führt eine Einigung über die Punkte der Agenda und evtl. notwendige Verfahrensschritte herbei. Zum Schluss fasst der Prozessmediator die Ergebnisse der Sitzung zusammen.

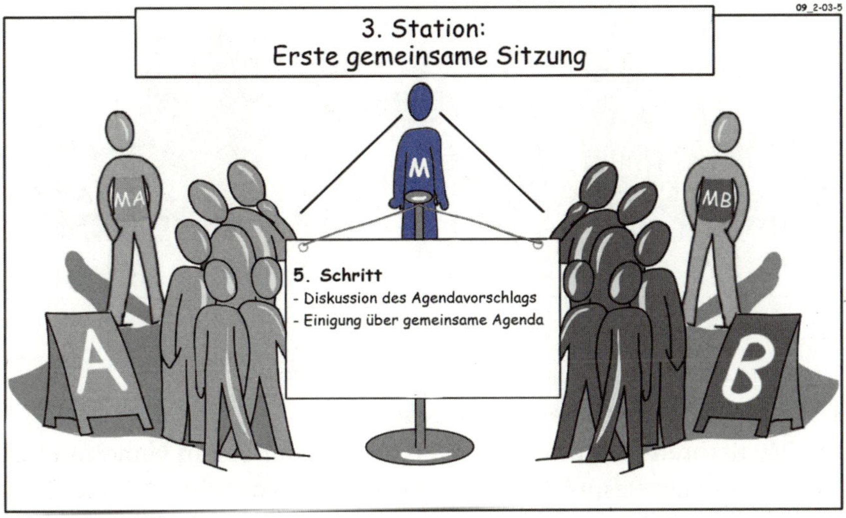

Abb. 6.12 Dritte Station 5. Schritt

Phase 3: Konflikterhellung

4. Station: Besprechung in den Gruppen
Die Gruppenmediatoren besprechen mit ihren Gruppen die Ergebnisse der ersten gemeinsamen Sitzung und bereiten sich auf die zweite gemeinsame Sitzung – das Gespräch mit den Experten – vor. Es werden Fragen an die Experten vorbereitet.

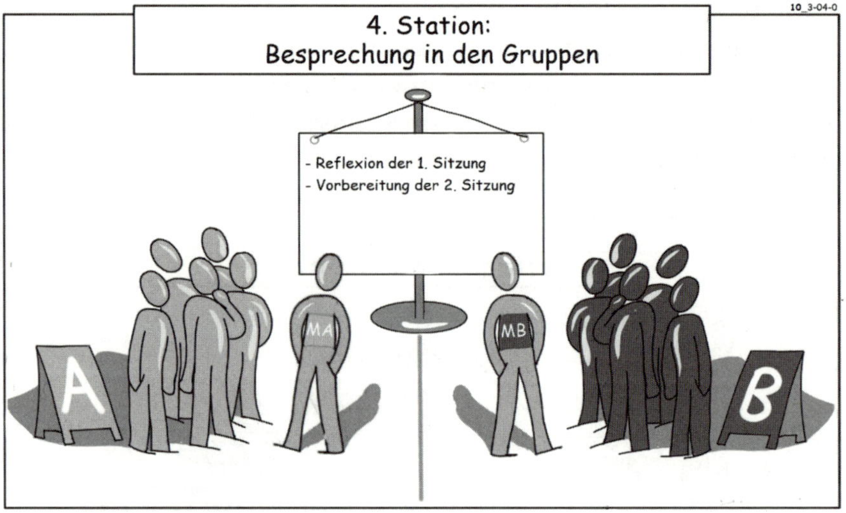

Abb. 6.13 Vierte Station

5. Station: Sitzung des Mediatoren-Teams

Das Mediatoren-Team wertet die Ergebnisse der ersten gemeinsamen Sitzung und der Besprechung in den Gruppen aus und trifft Entscheidungen über das weitere Vorgehen. Häufig ist jetzt die Einschaltung von Experten oder Verantwortlichen sinnvoll, um den übergeordneten Kontext für mögliche Problemlösungen deutlicher zu machen und den Rahmen für mögliche Lösungsideen abzustecken.

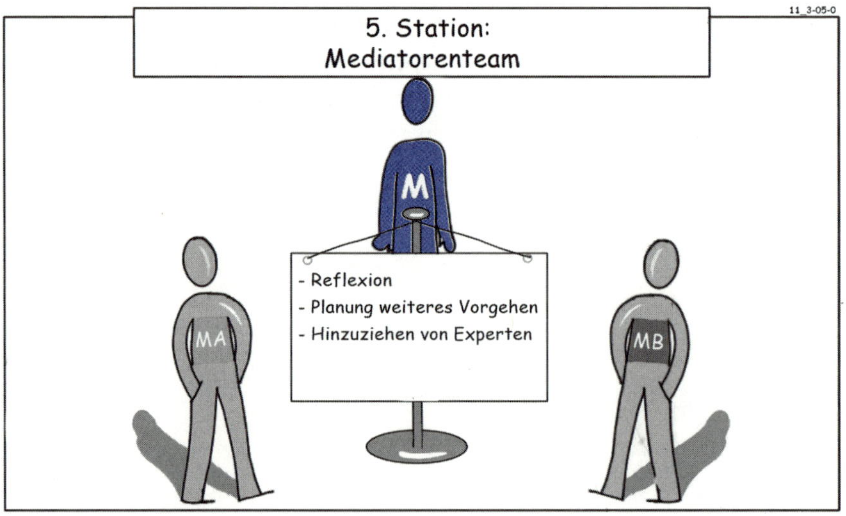

Abb. 6.14 Fünfte Station

6. Station: Zweite gemeinsame Sitzung

Es ist das Ziel der 3. Phase der Mediation, den Konflikt zwischen den Gruppen in einen übergeordneten Rahmen zu stellen, um mögliche gemeinsame Ziele oder von allen Seiten akzeptierte Werte zu finden. Je mehr übergeordnete Gemeinsamkeiten gefunden werden, um so eher sind auch Lösungsmöglichkeiten für die konkreten Konflikte zu finden.

1. Schritt: Expertenbefragung

Der Prozessmediator stellt die Experten vor und bittet die Gruppen, ihre vorbereiteten Fragen zu stellen. Er moderiert die Experten-Diskussion und die anschließende Fragerunde. Zum Schluss fasst er die Ergebnisse zusammen.

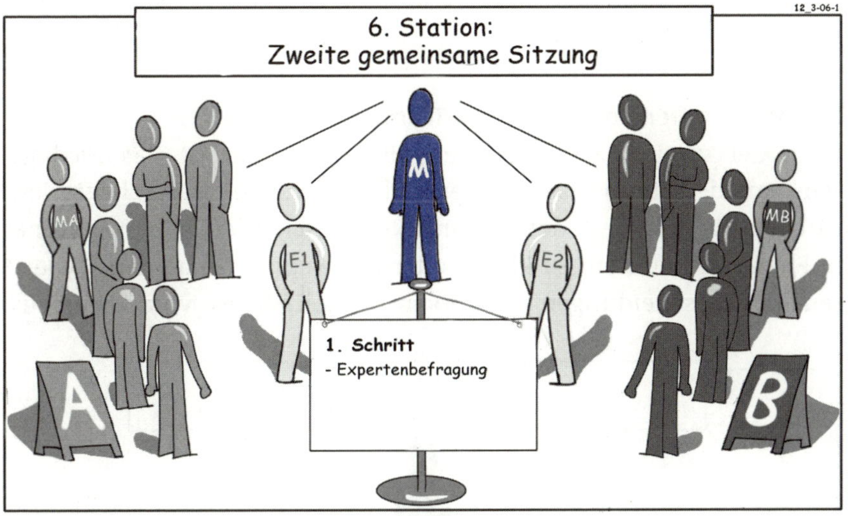

Abb. 6.15 Sechste Station 1. Schritt

2. Schritt: Besprechung in den Gruppen

Wenn die Positionen der einzelnen Gruppen nach wie vor sehr verhärtet sind, macht es Sinn, in der Veranstaltung eine Pause einzulegen, damit die Gruppen mit ihren Gruppenmediatoren die Antworten der Experten auswerten und neue Fragen oder Forderungen formulieren können.

Abb. 6.16 Sechste Station 2. Schritt

7. Station: Treffen des Mediatoren-Teams

Nach der zweiten gemeinsamen Sitzung reflektiert das Mediatoren-Team den Stand des Prozesses und plant die weiteren Schritte. Jetzt ist auch die Zeit, bestehende Konflikte zwischen einzelnen Personen in Einzelmediationen zu klären oder um weitere Gutachten, Expertisen oder Entscheidungen einzuholen, die den Prozess voran bringen.

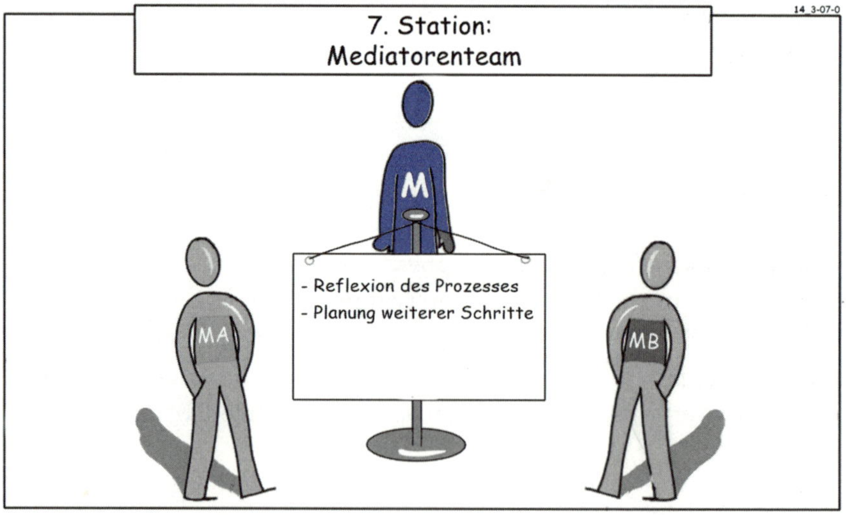

Abb. 6.17 Siebte Station

Phase 4: Problemlösung

8. Station: Besprechung in den Gruppen

Zu Beginn der 4. Phase der Mediation arbeiten die Gruppenmediatoren mit ihren Gruppen an Lösungsvarianten. Die Gruppen einigen sich, welche Varianten von allen akzeptiert werden können und verabreden die Form, in der diese Varianten präsentiert werden.

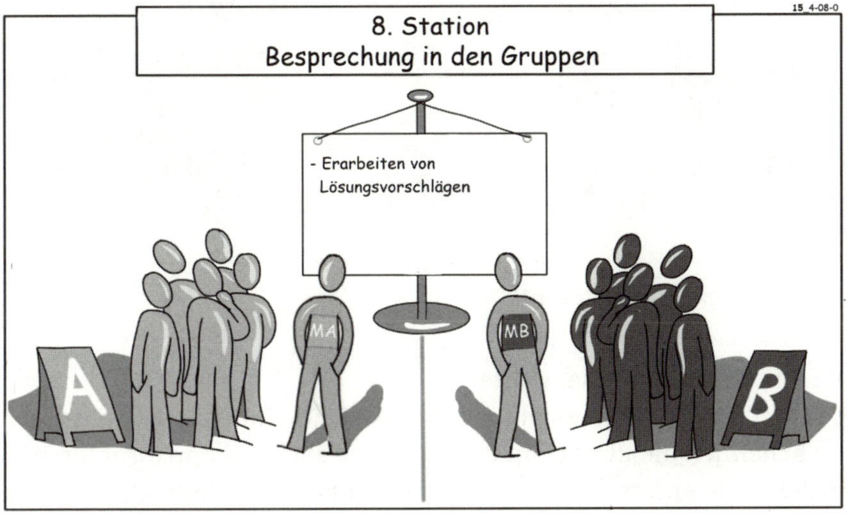

Abb. 6.18 Achte Station

9. Station: Dritte gemeinsame Sitzung

1. Schritt: Präsentation der Lösungsvorschläge

Der Prozessmediator moderiert die Präsentation der Lösungsvarianten. Falls die Gruppen ihre Beiträge nur vortragen, visualisiert das Mediatorenteam die verschiedenen Lösungsvorschläge.

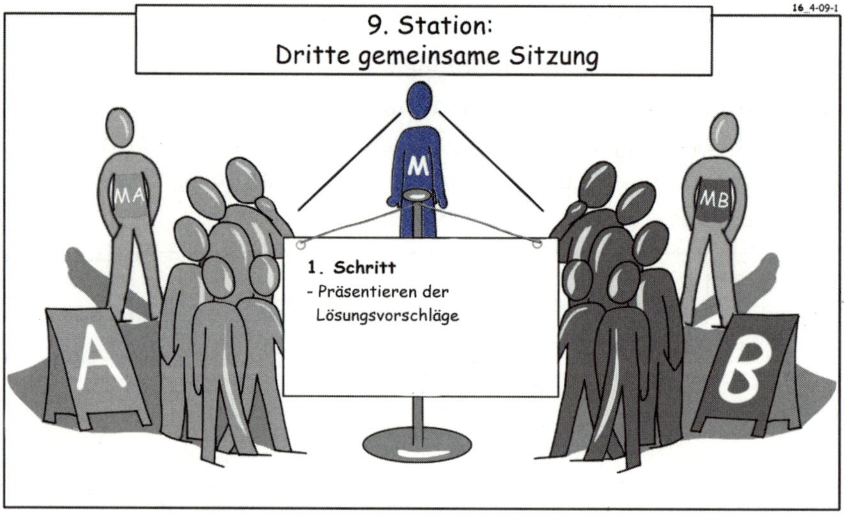

Abb. 6.19 Neunte Station 1. Schritt

2. Schritt: Konsens-Dissens-Liste

Das Mediatorenteam erstellt im Fish-Bowl eine Konsens-Dissens-Liste. Sie benennen die Punkte, in denen die Parteien übereinstimmen und in denen sie unterschiedlicher Meinung sind. Die Konsenspunkte werden an eine Stellwand gehängt, ebenso die Dissenspunkte. Diese Konsens-Dissens-Liste wird unter Moderation des Prozessmediators mit den Gruppen besprochen. Hier geht es nicht um die Diskussion der kritischen Themen, sondern nur darum, Übereinstimmung und Dissens zu kennzeichnen.

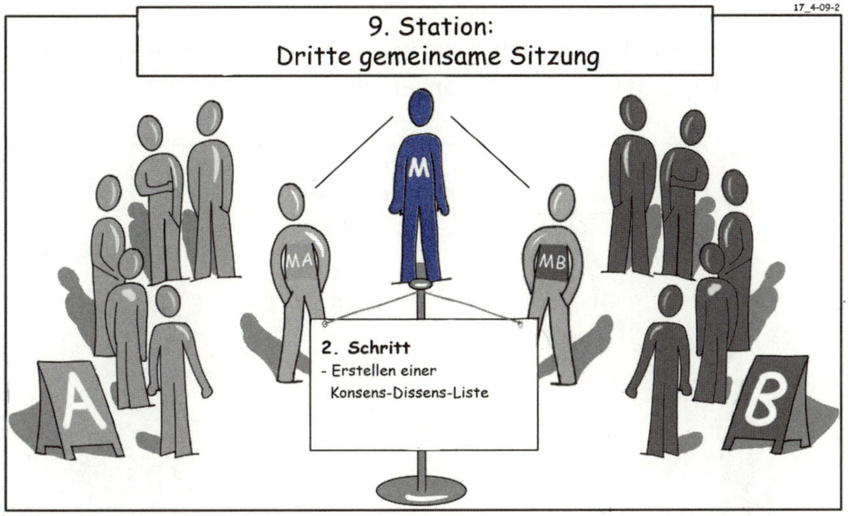

Abb. 6.20 Neunte Station 2. Schritt

3. Schritt: Diskussion der Dissens-Punkte

Für die wesentlichen Dissens-Punkte werden gemischte Arbeitsgruppen (am Thema interessierte Mitglieder aus den verschiedenen Konfliktgruppen) gebildet, die nach Lösungen suchen.

Abb. 6.21 Neunte Station 3. Schritt

4. Schritt: Präsentation der Arbeitsergebnisse
Der Prozessmediator moderiert die Präsentation der Ergebnisse der Arbeitsgruppen und fasst Diskussionsergebnisse zusammen.

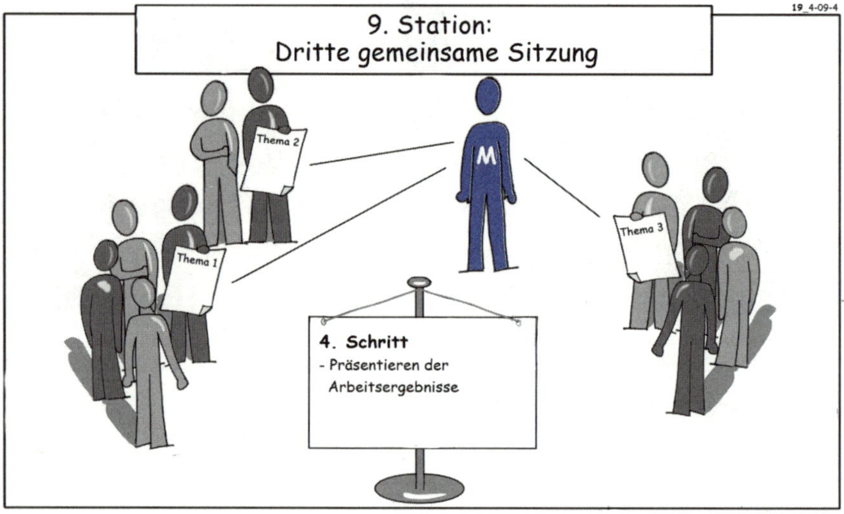

Abb. 6.22 Neunte Station 4. Schritt

Phase 5: Vereinbarung

10. Station: Erarbeitung einer Vereinbarung durch das Mediatoren-Team
Das Mediatoren-Team erarbeitet aus den gefundenen Lösungen einen Textvorschlag für eine Vereinbarung.

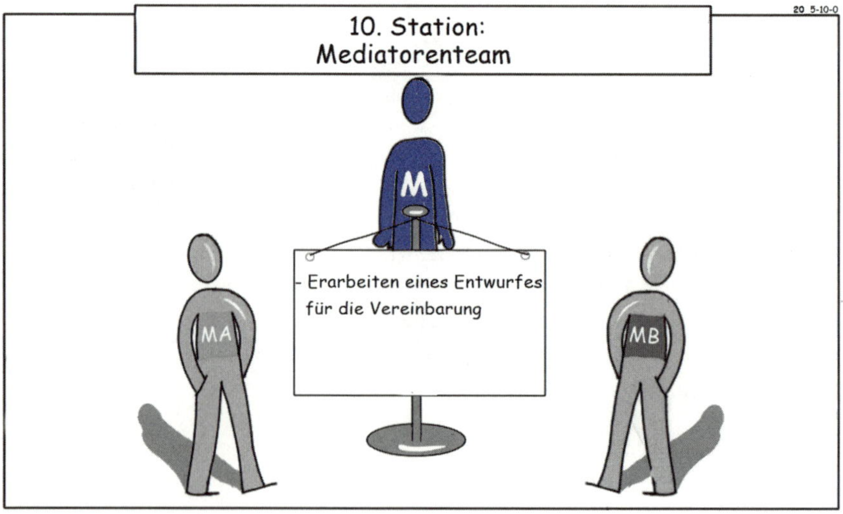

Abb. 6.23 Zehnte Station

11. Station: Besprechung in den Gruppen

Die Gruppen arbeiten mit ihren Gruppenmediatoren am Entwurf der Vereinbarung und einigen sich auf Formulierungen oder Veränderungsvorschläge.

Abb. 6.24 Elfte Station

12. Station: Vierte gemeinsame Sitzung

1. Schritt: Verhandeln über Veränderungen

Der Prozessmediator stellt Satz für Satz den Entwurf der Vereinbarung vor und verhandelt über Veränderungswünsche. Zum Schluss liest er den Text der fertigen Vereinbarung noch einmal im Gesamten vor.

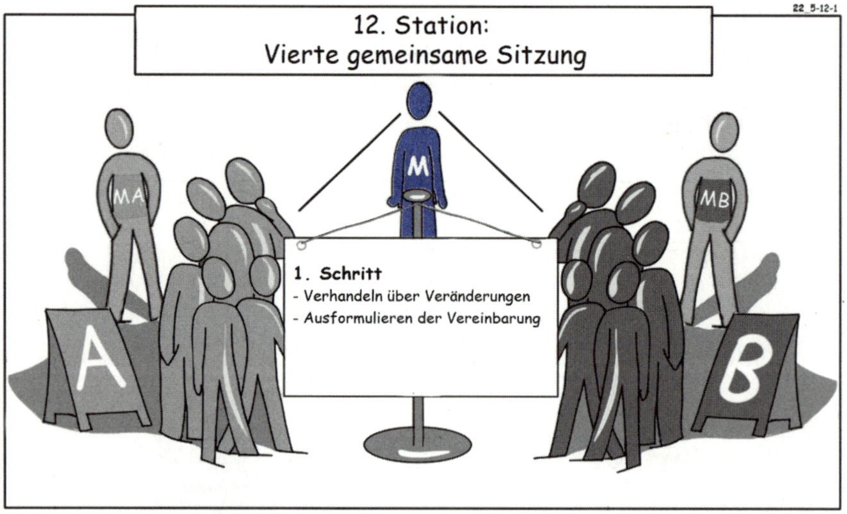

Abb. 6.25 Zwölfte Station 1. Schritt

2. Schritt: Unterschreiben der Vereinbarung

Die Konfliktbeteiligten und die Mediatoren unterschreiben die erarbeitete Vereinbarung.

3. Schritt: Verabreden nächster Schritte

Die Mediatoren und die Parteien verabreden nächste Schritte für die Umsetzung der Vereinbarung oder setzen einen Termin für ein Follow-up-Treffen fest. Gemeinsam reflektieren sie den gesamten Prozess und beenden die gemeinsame Arbeit.

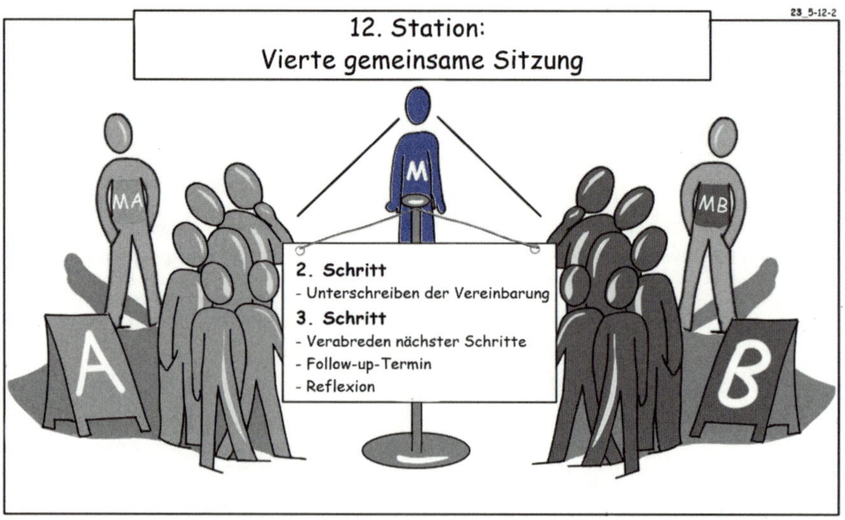

Abb. 6.26 Zwölfte Station 2./3. Schritt

<table>
<tr><td>1. Station</td><td>Mediatorenteam</td><td rowspan="2">Phase 1</td></tr>
<tr><td>2. Station</td><td>Vorbereitungssitzung in den Gruppen</td></tr>
<tr><td>3. Station</td><td>Erste gemeinsame Sitzung
1. Schritt: Darstellung der Interessen
2. Schritt: Besprechung in den Gruppen
3. Schritt: Rückmelderunde
4. Schritt: Vorschlag für eine Agenda
5. Schritt: Diskussion des Vorschlags</td><td>Phase 2</td></tr>
<tr><td>4. Station</td><td>Besprechung in den Gruppen</td><td rowspan="4">Phase 3</td></tr>
<tr><td>5. Station</td><td>Mediatorenteam</td></tr>
<tr><td>6. Station</td><td>Zweite gemeinsame Sitzung
1. Schritt: Expertenbefragung
2. Schritt: Besprechung in den Gruppen</td></tr>
<tr><td>7. Station</td><td>Mediatorenteam</td></tr>
<tr><td>8. Station</td><td>Besprechung in den Gruppen</td><td rowspan="2">Phase 4</td></tr>
<tr><td>9. Station</td><td>Dritte gemeinsame Sitzung
1. Schritt: Präsentation der Lösungsvorschläge
2. Schritt: Konsens-Dissens-Liste
3. Schritt: Diskussion der Dissens-Punkte
4. Schritt: Präsentation der Arbeitsergebnisse</td></tr>
<tr><td>10. Station</td><td>Mediatorenteam</td><td rowspan="3">Phase 5</td></tr>
<tr><td>11. Station</td><td>Besprechung in den Gruppen</td></tr>
<tr><td>12. Station</td><td>Vierte gemeinsame Sitzung
1. Schritt: Verhandeln über Veränderung
2. Schritt: Unterschreiben der Vereinbarung
3. Schritt: Verabreden nächster Schritte</td></tr>
</table>

Abb. 6.27 Ablauf der Gruppenmediation

Beispiel

Ein freier Träger der Jugendhilfe einer deutschen Großstadt hatte vom Jugendamt den Auftrag für den Aufbau eines Familienzentrums in einem sozialen Brennpunkt bekommen. Dieses Projekt war ein Prestigeprojekt für den Träger und passte gut in sein Portfolio. Ein Kriterium für die Zusage der Stadt waren die schon bestehenden strukturellen Gegebenheiten: eine Kindertageseinrichtung und ein Hort des Trägers lagen in unmittelbarer Nachbarschaft eines türkischen Mutter-Kinder-Zentrums, das nach den Wünschen der Stadt in die Trägerschaft des Jugendhilfeträgers übergehen würde. In den Einrichtungen wurden Kinder verschiedener Nationalitäten betreut, die Mitarbeitenden stammten ebenfalls aus verschiedenen Nationen. Als Kooperationspartner gab es in nächster Nähe eine Grundschule und eine Familienbildungsstätte.

Sorgen machte der Geschäftsführung die praktische Umsetzung mit der notwendigen engen Kooperation der Einrichtungen; bislang gab es nur wenige Berührungspunkte, man schaute eher kritisch aufeinander und es gab einige Konflikte, die nicht gelöst worden waren, so dass die Stimmung der Mitarbeiterschaft in Bezug auf das Familienzentrum eher kritisch war.

So entstand beim Träger der Gedanke, in einem beteiligungsorientierten Verfahren möglichst viele Mitarbeitende in den Prozess der Konzeptentwicklung einzubeziehen, Konflikte zwischen den Einrichtungen oder einzelnen Vertretern zu bearbeiten und die Mitarbeitenden – in einem vorgegebenen Rahmen – an der Entwicklung des Familienzentrums zu beteiligen. An dieser Stelle wurde eine Mediatorin hinzugezogen.

Zunächst wurden Vorgespräche mit den Einrichtungsleitungen und jeweils einem weiteren Mitarbeiter der Einrichtung geführt. Gemeinsam mit der Geschäftsführung wurde vereinbart, nach den Prinzipien der Gruppenmediation zu arbeiten. Beim Träger gab es mehrere Personen mit Beratungskompetenz, die als Gruppenmediatoren fungieren konnten. Diese wurden von der Mediatorin in die Prinzipien der Gruppenmediation eingeführt und auf ihre Aufgaben vorbereitet. Aufgrund enger zeitlicher Ressourcen konnte nur am Abend mit einem Zeitlimit von 3 Stunden gearbeitet werden.

Vor der ersten gemeinsamen Sitzung bereiteten die Gruppenmediatoren mit den jeweiligen Einrichtungen die Darstellung ihrer Sichtweisen vor.

Zu Beginn der ersten gemeinsamen Sitzung definierte die Geschäftsführung als Ziel des Mediationsprozesses, Mitarbeitende an der Basis in die Konzeptentwicklung des Familienzentrums einzubeziehen und Schwierigkeiten zwischen Einrichtungen oder Personen zu klären. Sie betonte, das oberste Ziel der Konzeptentwicklung sei die optimale Betreuung der Kinder und nicht die individuellen Sichtweisen und Bedürfnisse der Einrichtungen. Sie machte deutlich, dass Entscheidungen auf Geschäftsführerebene getroffen werden, im Rahmen dieses Prozesses sollten Themen diskutiert und Entscheidungsvorlagen für die Geschäftsführung entwickelt werden. Danach verließ sie die Veranstaltung.

Die Prozessmediatorin erläuterte das Verfahren und die Regeln und führte mit jeder Einrichtung ein Gespräch über ihre Ansichten, Fragen und Befürchtungen zum Thema. Die Mitarbeitenden der anderen Einrichtungen notierten sich auf den vorbereiteten Karten ihre Gedanken unter den Aspekten

- Das war neu
- Dazu müssen wir etwas sagen
- Darüber können wir verhandeln

Bei der Darstellung der Sichtweisen wurde deutlich, dass grundsätzlich alle Einrichtungen den Gedanken des Familienzentrums und die dadurch entstehenden Möglichkeiten befürworteten. Gleichzeitig gab es Berührungsängste, die mit den unterschiedlichen Kulturen und Religionen zu tun hatten, mit ungleichen fachlichen Voraussetzungen sowie mit ungeklärten Konflikten. Es gab Sorgen, die Identität als Einrichtung zu verlieren und die Frage der Leitung des zukünftigen Familienzentrums beschäftigte alle Mitarbeitenden.

Anschließend zogen sich die Mitarbeitenden der drei Einrichtungen mit ihren Gruppenmediatoren zurück und bereiteten ihre Rückmeldungen vor.

Nach der durch die Prozessmediatorin moderierten Rückmelderunde setzten sich die Mediatoren in den Innenkreis und diskutierten aufgrund der gehörten Themen einen Agendavorschlag:

1. Leitungsstruktur des Familienzentrums
2. Gegenseitige Rückmeldungen – Selbstbild/Fremdbild
3. Pädagogische Ziele des Kinder- und Familienzentrums
4. Welche Vereinbarungen, Absprachen müssen getroffen werden, wie können wir für eine Einhaltung der Absprachen sorgen?
5. Entwicklung einer Konfliktkultur
6. Persönliche Beziehungsklärungen zwischen einzelnen Personen.

Die vorgeschlagene Agenda wurde von den Einrichtungen akzeptiert und die o. g. Reihenfolge festgelegt. Deutlich war, dass die offene Leitungsfrage die Einrichtungen im kreativen Denkprozess blockierte. Für Punkt 6 – die Klärung einzelner Konflikte – wurden Termine mit der Mediatorin ausgemacht.

Damit war die erste gemeinsame Sitzung beendet. Die Sitzung musste straff geführt werden, was aber auch zu einer Fokussierung auf die Kernthemen führte.

Die Agenda wurde gemäß Absprache an die Geschäftsführung weiter gegeben. Die Geschäftsführung war zu dem Zeitpunkt noch nicht bereit, Strukturen oder gar Namen bzgl. der Leitung zu veröffentlichen. Im Gespräch wurde ihr jedoch deutlich, welche Ängste und Widerstände die Person, die sich als Leitung ins Spiel gebracht hatte, ausgelöst hatte, so dass sie die Frage der Leitungsstruktur und der personellen Besetzung vorzog. Sie entschied, die Gesamtleitung mit einer erfahrenen Person, die hohe Akzeptanz hatte, zu besetzen und zwei Stellvertreterpositionen einzurichten, die aus den beiden anderen Einrichtungen kamen, so dass jede Einrichtung im Leitungsgremium vertreten war.

Zu Beginn der zweiten gemeinsamen Sitzung stellte die Geschäftsführung die Leitungsstruktur sowie die personelle Besetzung vor und beantwortete vorbereitete Fragen der Einrichtungen zum pädagogischen Konzept, zu Rahmenbedingungen, Grenzen usw.

Die an den Konfliktklärungen beteiligten Personen berichteten über den Stand der Klärung.

Damit war die zweite gemeinsame Sitzung beendet.

Die Einrichtungen trafen sich mit ihren Gruppenmediatoren, um Lösungsvorschläge zu den einzelnen Agendapunkten zu entwickeln.

Diese wurden in der dritten gemeinsamen Sitzung präsentiert.

Dann erstellten die Mediatoren eine Konsens-Dissens-Liste, der die Einrichtungen zustimmten. Die Dissens-Punkte wurden in gemischten Gruppen diskutiert und Lösungsvorschläge entwickelt, die wiederum präsentiert wurden. Damit war die dritte gemeinsame Sitzung beendet.

Die Mediatoren entwickelten folgenden Vorschlag für eine Vereinbarung:

- es finden Hospitationen aller Mitarbeitenden in den anderen Einrichtungen statt, um die Arbeit der anderen Einrichtungen und die dort tätigen Personen kennen zu lernen. Frau .... erstellt dazu eine Liste.
- Gemischte AG's zu folgenden pädagogischen Frage .... erarbeiten Konzeptvorschläge und Umsetzungsstrukturen bis zum .... Die Vorschläge werden am ... mit allen Mitarbeitenden besprochen und der Geschäftsführung vorgelegt. Die AG's setzen sich aus folgenden Personen zusammen:
- Am .... findet ein interkulturelles Fest auf dem Gelände statt. Dieses wird von..... vorbereitet.
- Die Entwicklung einer konstruktiven Konfliktkultur wird mit externer Begleitung erarbeitet.
- 3 Mal jährlich finden Reflexionstreffen statt, in denen über die Art der Zusammenarbeit, was läuft gut, was läuft weniger gut gesprochen wird. Bei Bedarf werden die Treffen moderiert.

6.3 Technik Nr. 8: Verhandeln zwischen Gruppen

6.3.1 Ausgangssituation

Verhandeln zwischen Gruppen strukturiert die Konfliktregelung zwischen Teams und Abteilungen bei materiellen Auseinandersetzungen – bei Konflikten um Budgets, Entwicklungsgelder – aber auch bei der Regelung von Schnittstellenproblemen und Querschnittsaufgaben. Die Technik ist auch bei materiellen Konflikten mit Lieferanten und Kunden anwendbar.

6.3.2 Grundlagen

Die Arbeit mit der Technik Nr. 8 – Verhandeln zwischen Gruppen – basiert ähnlich wie die Technik Nr. 5 – Verhandeln in der Mediation – auf dem Harvard-Konzept des sachgerechten Verhandelns. W. Ury, einer der drei Autoren, beschäftigte sich in seinen nachfolgenden Arbeiten mit dem Thema »Schwierige Verhandlungen«.

Im Vorwort zu »Schwierige Verhandlungen« schreibt er:

> »Das Buch Das Harvard Konzept stieß zwar auf reges Interesse, aber am Ende stellte fast jeder die Frage: »Gut, aber was ist, wenn die andere Seite nicht zu einem Ja kommen will? Was mache ich, wenn ihre Antwort Nein ist? Wie verhandelt man mit schwierigen Partnern? Mit diesem Buch versuchen wir eine Antwort auf diese heikle Frage zu geben. Wenn das Harvard-Konzept einen brauchbaren und effektiven Tanzschritt präsentierte, dann handelt »Schwierige Verhandlungen« davon, wie man einen widerwilligen Partner zum Tanzen bringt.«
> *(Ury 1991: 9)*

In dem Buch präsentiert er fünf Prinzipien, um in schwierigen Situationen verhandeln und mit schwierigen Partnern zu Ergebnissen kommen zu können. Beginnend mit dem berühmt gewordenen »Go to the balcony!« sind diese Prinzipien:

1. Reagieren Sie nicht – gehen Sie auf den Balkon.
2. Entwaffnen Sie Ihre Verhandlungspartner – treten Sie an ihre Seite.
3. Ändern Sie das Spiel – lehnen Sie nicht ab, wechseln Sie den Rahmen.
4. Überwinden Sie den toten Punkt – bauen Sie eine goldene Brücke.
5. Nutzen Sie Macht konstruktiv – bringen Sie Ihren Konkurrenten zur Besinnung, ohne ihn in die Knie zu zwingen.

Das Buch ist in erster Linie für direkte Verhandlungen geschrieben. Aber es ist auch eine gute Grundlage für die Arbeit des Wirtschaftsmediators bei der Konfliktbearbeitung in materiellen Konflikten. Der Mediator übernimmt die Aufgabe, in einer allparteilichen Art und Weise beide Verhandlungspartner zu unterstützen, diese Verhandlungsschritte zu beachten.

Das Verhandeln zwischen Gruppen ist durch zwei gleichlaufende Prozesse gekennzeichnet. Der eine Prozess ist die Verhandlungsebene mit der Gegenseite. Der andere Prozess ist die ständige Konsensbildung in der eigenen Gruppe. Es gibt nicht wenige Verhandlungen zwischen Managementteam und Betriebsrat, bei denen im Fortgang der Verhandlung der Streit innerhalb der Verhandlungsdelegation immer stärker und die Verhandlungsposition dadurch schwächer wird. Deshalb unterstützt der Mediator die Parteien auf beiden Ebenen – mit der Gegenseite klug zu verhandeln und in der eigenen Gruppe den Konsens zu finden und zu halten. So leitet der Mediator die Verhandlungsrunden und moderiert die Reflexionsschleifen in den beiden Gruppen. Auf der Basis einer mediativen Haltung lassen sich so Verhandlungstechnik, Mediation und Konsensbildung verbinden, um gute Ergebnisse zu erzielen.

6.3.3 Formen der Anwendung

Das Verhandeln zwischen Gruppen ist bei der Bearbeitung materieller Konflikte zwischen Teams und Gruppen generell einsetzbar. Besonders bewährt hat es sich in den Verhandlungen zwischen den Sozialpartnern. Denn durch die Entwicklungen in den letzten Jahren sind die Spielräume für Kompromisse enger und die Notwendigkeit für neue, kreative Lösungen dringender geworden.

6.3.4 Schritte

Rahmen: 2 Ebenen

1. Verhandlungskommission – Konsensprozess
2. Verhandlung mit der Gegenseite

Vorbereitung:

- Allgemeine Informationen zu den Inhalten
- Training zu Verhandlungstechniken
- Konkrete Vorbereitung in den 7 Ebenen des Verhandelns nach Harvard

Phasen des Verhandelns

1. Erste Phase des Verhandelns	Die eigene Position präsentieren Die Position der Gegenseite verstehen
2. Erste Reflexionsschleife in der eigenen Verhandlungsdelegation	
3. Zweite Phase des Verhandelns	Der Negotiation Dance Eigene Möglichkeiten und Grenzen ausloten
4. Zweite Reflexionsschleife in der eigenen Verhandlungsdelegation	
5. Dritte Phase des Verhandelns	Varianten erarbeiten Zu Ergebnissen kommen
6. Dritte Reflexionsschleife in der eigenen Verhandlungsdelegation	
7. Vierte Phase des Verhandelns	Der Abschluss

Abb. 6.28 Phasen des Verhandelns

1. Die erste Phase des Verhandelns

1. Die eigene Position überzeugend präsentieren
- Form der Präsentation
- Rollen – wer präsentiert was?
- Umgang mit Fragen

2. Die Position der anderen Seite hören und verstehen
- Zuhören, nicht bewerten
- Die Themen einzeln betrachten und einordnen
- Fragen zur Sache stellen

Problem: Die eigenen Gefühle und festgelegten Meinungen

Vorgehen in der 1. Phase

- Aktiv zuhören
  - nur zuhören, spiegeln und um Klärung bitten
- Gemeinsamkeiten benennen
  - zustimmen, aber keine Zugeständnisse machen
  - nicht ja, aber, sondern ja, und ...
- Die Personen anerkennen
  - ihre Autorität und Kompetenz anerkennen
  - eine gute Arbeitsbeziehung entwickeln
- Die eigenen Ansichten darlegen
- Ich-Aussagen, keine Du-Botschaften
  - Unterschiede ohne Vorwurf benennen

2. Die erste Reflexionsschleife

Rahmen: Treffen der Verhandlungsdelegation (ggf. mit Experten für Inhalt und Prozess)

1. Darstellung des bisherigen Verlaufs der Verhandlung
   - Getrennt nach Inhalt und Prozess
   - Sammlung der unterschiedlichen Positionen und Eindrücke
2. Erarbeitung der Agenda für die zweite Phase der Verhandlung
   - Herausarbeitung der Themen
   - Reihenfolge der Präsentation und Darstellung
3. Anpassung des Verhandlungskonzepts

3. Die zweite Phase des Verhandelns

Rahmen: Treffen der Verhandlungsdelegation (ggf. mit Experten für Inhalt und Prozess)

Ablauf:

1. Darstellung des bisherigen Verlaufs der Verhandlung
   - getrennt nach Inhalt und Prozess
   - Sammlung der unterschiedlichen Positionen und Eindrücke
2. Den sachlichen Rahmen darstellen
   - Das Ziel, die zu lösenden Aufgaben und Probleme benennen
   - Erfahrungen in anderen Bereichen darstellen
3. Die – bezogen auf das Problem – optimale Lösung benennen
   - benennen, was »eigentlich« sinnvoll wäre
   - betonen, wie sehr man der Gegenseite schon entgegen gekommen ist
4. Alles, was die Gegenseite vorbringt, aufnehmen und auf den Rahmen und das Problem richten
5. Den eigenen Reservation Point deutlich machen.
6. Den Reservation Point der Gegenseite aktiv erfragen und benennen

Vorgehen in der zweiten Phase:

Problemlösefragen

- Erkenntnisfördernde Fragen – offene Fragen
- Um Ratschläge bitten
  - Was wäre, wenn...
  - Warum, warum nicht?

Bei Mauern und Deadlines:

- Deren Ernsthaftigkeit prüfen
- Deadlines als verständliche Wunschvorstellung umdeuten
- Zu eigenen Gunsten interpretieren

Bei Angriffen:
- Ignorieren
- Als Ansatz zur Problemlösung auffassen
- Persönliche Angriffe umdeuten
- Statt Aufrechnen vergangener Fehler – Focus auf künftige Verbesserungen

4. Die zweite Reflexionsschleife

Rahmen: Treffen der Verhandlungsdelegation (ggf. mit Experten für Inhalt und Prozess)

1. Darstellung des bisherigen Verlaufs der Verhandlung
   – Getrennt nach Inhalt und Prozess
   – Sammlung der unterschiedlichen Positionen und Eindrücke
2. Bestimmung der Reservation Points (beider Seiten) und damit des Verhandlungsbereiches
3. Klärung der wesentlichen Fragen mit Experten und Verantwortlichen
4. Erarbeiten von Varianten für die einzelnen Themen
5. Ausarbeiten einer Textvorlage

5. Die dritte Phase des Verhandelns

1. Die Liste der Verhandlungspunkte festlegen
   – Reihenfolge klären
2. Die eigenen Varianten präsentieren und um Vorschläge der anderen Seite bitten
3. Eine Konsens-Dissens-Liste erstellen
   – An welchen Punkten stimmen wir überein?
   – Welche Punkte sind noch nicht geklärt?
4. Die Dissenspunkte verhandeln
   – Bei einigen Punkten Kompromissvorschläge machen
   – Bei anderen Punkten Kompromissbereitschaft der Gegenseite einfordern
5. Ergebnisse sichern und Vertrag erarbeiten

Vorgehen in der dritten Phase:

»Eine goldene Brücke bauen«

1. Die andere Seite einbeziehen
   – Sie um Vorschläge bitten und darauf aufbauen
   – Wahlmöglichkeiten anbieten

2. Nicht berücksichtigte Interessen beachten
   - Nach Interessen fragen
   - Den »Kuchen« vergrößern
3. Die andere Seite unterstützen, ihr Gesicht zu wahren
   - Empfehlungen von Dritten einholen
   - Darlegen, wie die Umstände sich geändert haben
   - Teile der Übereinkunft herausstellen, die als Verdienst der Gegenseite gelten können
4. Langsam vorgehen, um schnell zu sein
   - Schritt für Schritt, weniger strittige Punkte zuerst
   - erst am Ende Festlegungen treffen

6. Die dritte Reflexionsschleife

Rahmen: Treffen der Verhandlungsdelegation (ggf. mit Experten für Inhalt und Prozess)

Ablauf:

1. Darstellung des bisherigen Verlaufs der Verhandlung
   - Getrennt nach Inhalt und Prozess
   - Sammlung der unterschiedlichen Punkte und Eindrücke
2. Bewerten des Text- und Verhandlungsstandes
   - Diskussion im Verhandlungsteam
   - Prüfung durch Juristen und Verantwortliche
3. Festlegung der letzten, noch zu klärenden Verhandlungspunkte
   - Klärung von möglichen Zugeständnissen

7. Die vierte Phase des Verhandelns

1. Die ursprünglichen Ziele und den bisherigen Verlauf der Verhandlung thematisieren
2. Die Textvorlage würdigen und die noch zu klärenden Punkte benennen
3. Bei einigen Punkten Zugeständnisse anbieten und bei anderen Punkten Zugeständnisse einfordern
4. Die Ergebnisse noch einmal zusammenfassen
5. Den Vertrag gemeinsam durchgehen und die Verhandlungen abschließen

Beispiel Technik Nr. 8

Wie wichtig die Reflexionsschleifen in einem Verhandlungsprozess sind, wurde bei den Verhandlungen zwischen Geschäftsführung und Betriebsrat in einem Chemiebetrieb, der zu einem größeren Konzern gehört, deutlich. Es ging um eine größere Umstrukturierung. Dabei war der Veränderungsprozess im Konzern nicht umstritten. Aber die Geschäftsführung des Betriebs hatte sich auf die Zustimmung des überörtlichen Gesamtbetriebsrats bezogen und den für den Betrieb zuständigen Betriebsrat nicht in die konkrete Umsetzung einbezogen. Der Geschäftsführer hatte die wesentlichen Entscheidungen im Alleingang getroffen, da er wusste, dass es auch im Management-Team unterschiedliche Vorstellungen und Interessen gab. Dieses Vorgehen führte zu großen Schwierigkeiten und brachte das gesamte Projekt zum Erliegen.

Auf der Konzern-Ebene wurde beschlossen, eine Reihe von Vorhaben in dem Betrieb neu zu verhandeln. Ein Vertreter der Konzernleitung sollte das Management-Team und ein Vertreter des Gesamtbetriebsrats den örtlichen Betriebsrat verstärken. Damit sollte die Umstrukturierung in dem Betrieb weitergehen und der Gesamtprozess nicht gefährdet werden.

In dieser von einem Wirtschaftsmediator moderierten Verhandlung waren die Klärungsprozesse in den beiden Verhandlungsgruppen und damit die Reflexionsschleifen entscheidend. Nach der Klärung in den Gruppen ging die Verhandlung in den einzelnen Fragen zügig voran und die Umstrukturierung in dem Betrieb wurde auch vom Betriebsrat mitgetragen.

6.4 Technik Nr. 9: Großgruppenmediation

6.4.1 Grundlagen

Großgruppenmediationen sind im innerbetrieblichen Kontext immer dann sinnvoll, wenn sehr viele Personen und Gruppen in einen Konflikt involviert sind. Dazu gibt es unterschiedliche Modelle, möglichst alle in die Konfliktregelung einzubeziehen.

1. Der Runde Tisch

Bei dem Modell des Runden Tisches bestimmen die einzelnen Gruppen und/oder Teams Delegierte, die am Runden Tisch ihre Interessen vertreten.

In diesem Verfahren ist die Phase der Vorbereitung und Planung sehr wichtig. Auf der einen Seite müssen die Rahmenbedingungen für das Verfahren – in der Regel zwischen Geschäftsführung und Betriebsrat – geklärt sein und die Führung muss die Leitplanken für denkbare Lösungen möglichst klar und transparent vermitteln. Auf der anderen Seite sollten die Gruppen – idealerweise begleitet – die Möglichkeit haben, ihre internen Bedürfnisse und Forderungen ausführlich zu besprechen und ihre Vertreter zu bestimmen.

Während der Verhandlungen am Runden Tisch können die Gruppen dadurch einbezogen werden, dass die Vertreter nach jeder Sitzung ihren Gruppen berichten und neu mandatiert an den Verhandlungstisch zurückkehren. Dieses Modell ist gut kombinierbar mit den bekannten Formen der Verhandlung zwischen den Sozialpartnern. Gleichzeitig schafft es weitere Möglichkeiten, alle Beteiligten einzubeziehen.

2. Gruppenmediation

Die unter 6.2 dargestellte Technik Nr. 7 – Gruppenmediation – ist auch bei großen Gruppen anwendbar. Dazu wird das Mediatoren-Team entsprechend erweitert. Bei einer größeren Zahl von Beteiligten hat es sich bewährt, in den Plenarsitzungen mit dem Fishbowl-Prinzip, hier dem Mediationstisch, zu arbeiten. Alle Beteiligten sind in einem Raum und der Prozessmediator arbeitet am Mediationstisch mit Vertreten der Gruppen, die von den Gruppen erarbeitete Ergebnisse vortragen. Dadurch wird die Beteiligung aller Personen in einer geeigneten Gesprächsform gesichert.

3. Großgruppeninterventionen

Eine weitere Möglichkeit ist der Einsatz von Großgruppeninterventionen in der Konfliktbearbeitung mit großen Gruppen. Aus dem Grundsatz der modernen Organisationsentwicklung, Betroffene zu Beteiligten zu machen, wurden eine Reihe unterschiedlicher Techniken zur Arbeit mit großen Gruppen entwickelt. Die bekanntesten sind Zukunftskonferenz, Realtime Strategic Change, Open Space Technology, World Cafe, Appreciative Inquiry, aber auch soziometrische Aufstellungen und analoge, kreative Interventionen,

Diese Großgruppeninterventionen sind inzwischen sehr klar ausgearbeitet und erfordern neben speziellen Erfahrungen auch viel organisatorischen und logistischen Aufwand. *(s. Hinnen/Krummenacher 2012)* Großgruppenkonferenzen sind in der Großgruppenmediation vor allem in Phase 2 und 3 sehr sinnvoll. Denn sie gewährleisten, dass bei der

Darstellung der Sichtweisen und der Konflikterhellung alle beteiligt sind. Bei der Suche nach Lösungsoptionen kann dann in Arbeitsgruppen gearbeitet werden, um anschließend in einer Ergebniskonferenz wieder gemeinsam mit allen eine Vereinbarung zu erzielen. Der Einsatz von Großgruppeninterventionen ist für die Konfliktbearbeitung mit vielen Beteiligten sehr attraktiv. Es gibt allerdings eine Einschränkung: sie sollten bei Konflikten nur dann eingesetzt werden, wenn sie im Unternehmen bekannt sind; sonst besteht die Gefahr, dass die Personen, die durch den Konflikt und seine Auswirkungen stark belastet sind, sich irritiert und überfordert fühlen.

Gerade bei Konfliktbearbeitungen, in die sehr viele Personen und Gruppen einbezogen sind, ist es notwendig, ein jeweils spezielles Design zu entwickeln. Dieses Design sollte von den bestehenden Konfliktregelungsverfahren ausgehen, die Organisationskultur berücksichtigen und darauf aufbauend mediative Techniken und Verfahren einsetzen.

6.4.3 Formen der Anwendung

Großgruppenmediationen sind in den letzten Jahren vor allem bei größeren Projekten im öffentlichen Bereich eingesetzt worden. Sehr bekannt sind die Flughafenmediationen Wien und Frankfurt.

Im innerbetrieblichen Bereich sind Techniken der Großgruppenmediation einsetzbar bei konflikthaft verlaufenden Veränderungsprozessen, die große Teile der Beschäftigten betreffen. Noch günstiger ist es, schon im Vorfeld von schwierigen Veränderungsprozessen mit den Techniken der Großgruppemediation bestehende Bedenken und Unverträglichkeiten aufzunehmen und Verfahren der Konfliktregelung während des Veränderungsprozesses zu verabreden.

Beispiel: Stadtteil-Mediation

In einer deutschen Großstadt hatten sich in einem Stadtteil die Auseinandersetzungen um die Gestaltung eines von drei Schulen und einem Jugendzentrum genutzten Geländes zugespitzt. Die Schulen – eine Hauptschule, eine Realschule und ein Gymnasium – und das Jugendzentrum hatten aufgrund des unterschiedlichen Klientels und der Altersgruppen andere Ansprüche und Vorstellungen zur Gestaltung dieses Platzes. Das Thema war auch politisch relevant, da ein von Fußgängern genutzter Weg über den Schulhof führte. Dies widersprach den Interessen der Schulen, die den Platz gerne abschließbar eingegrenzt hätten, da die fest installierten Tischtennisplatten nachts häufig von Jugendlichen als Treffpunkt genutzt wurden und morgens regelmäßig von Flaschen und Abfall übersät waren. Aufgrund von Beschwerden der Anwohner wegen der Jugendlichen war auch die Polizei in den Prozess einbezogen. Das städtische Jugendamt initiierte einen Mediationsprozess.

Teilnehmende:

- Rektoren und Konrektoren der drei Schulen
- Elternvertreter der Schulen
- Leiter des Jugendzentrums
- Leiterin des Jugendamtes der Stadt
- Fachreferentin des Stadtteils
- Bezirksbürgermeister
- Geschäftsführer der Verwaltung des Stadtbezirkes
- Vertreter der Polizei
- Schulverwaltungsamt

Ablauf:

1. gemeinsame Sitzung

In der ersten gemeinsamen Sitzung mit ca. 30 teilnehmenden Personen wurden Einzelinterviews mit den Interessensgruppen geführt.

Nach der Sitzung fanden Klärungsgespräche mit den Interessengruppen statt, in denen Interessen und Verhandlungsspielräume ausgelotet wurden.

2. gemeinsame Sitzung

In der zweiten gemeinsamen Sitzung stellten die Mediatoren folgenden Agendavorschlag vor:

- Verbesserung der Kooperation der Institutionen auf dem Gelände
- Entwickeln von gemeinsamen Kriterien für ein einheitliches Gesamtkonzept »Masterplan«, das nach den Bedarfen der unterschiedlichen Nutzer gestaltet wird.
  Zu diesem Punkt gab es viele Unterpunkte, bspw.
  - Schaffen von Bewegungsräumen
  - Einheitliche Zugangsgestaltung/Wegeführung
  - Beleuchtungskonzept
  - Gestaltungsvorschläge für Begrünung, Einfriedung und Fassaden werden eingeholt und diskutiert
- Beteiligung von Kindern, Jugendlichen, Eltern und Förderern bei Planung und Umsetzung
- Entwicklung des Schulzentrums zu einem Kultur- und Begegnungszentrum im Stadtteil

Zu den Punkten wurden Varianten diskutiert, die z. T. in AG's weiter bearbeitet wurden.

Nach der gemeinsamen Sitzung fanden wieder Vertiefungsgespräche mit den Interessenvertretern statt. Die Mediatoren arbeiteten eine Abschlussvereinbarung aus.

3. gemeinsame Sitzung

In der dritten gemeinsamen Sitzung wurde der Vorschlag einer Vereinbarung diskutiert, korrigiert und verabschiedet. Auszüge daraus:

Abschlussvereinbarung

Vorbemerkung/Präambel

Ausgangspunkt des »Runden Tisches« waren die unterschiedlichen Vorstellungen zur Gestaltung des Geländes. Durch den Runden Tisch wurde eine neue Gesprächsebene zwischen den Beteiligten gefunden. Ziel war neben der Klärung von Differenzen die gemeinsame Entwicklung eines zukunftsfähigen Konzeptes für das Schulzentrum A und dieses an Bezirksvertretung und Stadtverwaltung zu übergeben.

Ein Konzept, das
- angeknüpft an bestehende Vorschläge und Planungen z.B. Soziale Stadt, ...
- schon vorhersehbare Veränderungen beachtet z.B. Diskussion über Aktionsräume und künftige Entwicklungen einbezieht z.B. Ganztagsschule ...
- gestaltete Räume und deren Schutz als einander bedingende Faktoren postuliert.

Kapitel 1: Das Schulzentrum A. als Kultur-, Bildungs- und Begegnungszentrum
Das Schulzentrum soll ein lebendiger Platz für alle Gruppen des Stadtteils werden; Bürger verschiedener Altersstufen und Hintergründe sollen sich mit dem Zentrum identifizieren. Damit die verschiedenen Angebote auf Dauer Bestand haben, sind unterschiedliche Formen von Schutz, zum einen durch äußere Begrenzungen, zum anderen durch soziale Kontrolle notwendig.

Kapitel 2: Angebote für den Stadtbezirk
Im Schulzentrum sind alle Stadtteilbewohner willkommen. Der Runde Tisch hat sich insbesondere mit der Gruppe Kinder und junge Erwachsene beschäftigt und Vorschläge für altersadäquate Angebote entwickelt. Dabei sollen Kinder und Jugendliche möglichst umfassend beteiligt werden.

Kapitel 3: Grundsätze für die Gestaltung des Geländes
Der Platz soll einen einheitlichen, in sich stimmigen Charakter erhalten, nach außen begrenzt, nach innen funktional gestaltet. Jede Institution macht Gestaltungsvorschläge.
- Schulen und Jugendfreizeitstätte sichern in einem gemeinsamen Projekt die Beteiligung der verschiedenen Nutzer. Das Jugendamt bietet Unterstützung durch in Beteiligungsprozessen erfahrende Mitarbeiter an.
- Gestaltungs- und Begrenzungsvorschläge der beteiligten Institutionen liegen als Anlage vor.

Gemeinsame Kriterien für ein einheitliches Gesamtkonzept, das nach den Bedarfen der unterschiedlichen Nutzer gestaltet wird:
- Durchsicht der Begrenzungen s. Beispiele in der Anlage
- Schaffen von Bewegungsräumen
- Beleuchtungskonzept zum Ausleuchten der »dunklen Ecken«
- Einheitliche Zugangsgestaltung / Wegeführung
- Beteiligungsprojekte für Kinder, Jugendliche, Eltern und Förderer bei Planung und Umsetzung

Kapitel 4: Kooperation im Schulzentrum A.
Die beteiligten Institutionen sind sich einig, dass die Kooperation zur Sicherstellung der Ergebnisse weiter gehen muss. Dies erfordert eine Struktur der Zusammenarbeit und die Begegnung auf Augenhöhe.
Es bildet sich eine Planungsgruppe unter Federführung ... und Mitwirkung von ...
Der Runde Tisch versteht sich als Steuerungsgremium, die Planungsgruppe gibt Rückmeldungen an den Runden Tisch.

Abb. 6.29 Abschlussvereinbarung

Kapitel 7. Verfahren und Techniken der innerbetrieblichen Konfliktbearbeitung – Verankerte Techniken

Verankerte Techniken – dieser Begriff muss erläutert werden. Er ist aus der Beobachtung der Autoren entstanden, wonach die Ursache vieler innerbetrieblicher Konflikte in der Organisation mit ihren Strukturen und Abläufen liegt.

Nicht individuelles Fehlverhalten, unangemessene Kommunikation und unterschiedliche Interessen sind die Gründe dieser Arbeitskonflikte, sondern die Struktur, die Organisation der Arbeit und die Anforderungen des Unternehmens führen zu Konflikten. Zu Konflikten, die sich ständig wiederholen, die Kooperation in Teams regelmäßig belasten und Probleme zwischen Führung und Mitarbeitern schaffen.

Diese Konflikte geben neben all den Problemen, die sie verursachen, wichtige Hinweise zur Veränderung. Damit Konfliktbearbeitung zu einem Element der lernenden Organisation wird, muss die Frage, welche Hinweise sich für eine Veränderung von Strukturen und Abläufen, die Kooperation im Team und das Führungsverhalten ergeben, ein bestimmender Teil der innerbetrieblichen Konfliktbearbeitung werden.

Für eine dauerhafte Wirksamkeit müssen diese Formen der Intervention verabredet, also »verankert« werden. Durch die Verankerung und dem systematischen Umgang mit diesen Techniken können die Beteiligten besser unterscheiden, ob es sich um funktionale oder dysfunktionale Konflikte handelt.

Funktionale Konflikte sind auch nicht angenehm, aber für die Arbeit oft sinnvoll. Wenn es strukturierte Formen des Umgangs mit funktionalen Konflikten gibt, wird der unangenehme Anteil reduziert und der sachliche Klärungsaspekt betont. Regelungsbedarf besteht dann für den Anteil dysfunktionaler Konflikte, die belastend sind und hohe Konfliktkosten verursachen.

In Kapitel 7 werden drei Techniken vorgestellt: Technik Nr. 10 – Mediative Beratung – für den Einsatz bei sich häufig wiederholenden Konflikten, Technik Nr. 11 – Transferorientierte Teamentwicklung – für die prospektive Begleitung von Teams und Technik Nr. 12 – Strukturierter Klärungsdialog – bei Konflikten zwischen Hierarchien. Diese Techniken verbinden Mediation eng mit der Organisationsentwicklung und sind besonders wirksam in der Kooperation von internen und externen Mediatoren.

7.1 Technik Nr. 10: Mediative Beratung

7.1.1 Ausgangssituation

Die mediative Beratung geht von folgendem Grundgedanken aus: In der Mediation geschulte Mitarbeitende des Unternehmens (mediative Berater) unterstützen und beraten Kollegen und/oder Kunden, damit diese ihre Probleme und Konflikte möglichst weitgehend selbst lösen können. Damit werden die Ressourcen der Einzelnen in der Konfliktregelung gestärkt.

Im Konzept der mediativen Beratung geht es darum, in niedrigschwelligen Konflikten (bis Stufe 3 der Eskalationsskala nach Glasl) möglichst frühzeitig zu intervenieren, um Verhärtungen, Eskalationen und die damit verbundenen Konfliktkosten zu vermeiden oder zu reduzieren. Mediative Beratung im Unternehmen ist eine verankerte Technik und Teil eines Konfliktmanagementsystems.

Das MEDIUS-Konzept der Mediativen Beratung bietet Techniken und Instrumente zur Ausbildung als Mediativer Berater und zum Aufbau von Strukturen und Unterstützungssystemen in der Organisation, damit Mediative Berater erfolgreich tätig werden können.

7.1.2 Anwendungsfelder

1. Mediative Beratung als Konfliktberatung

In der Konfliktberatung unterstützt der Mediative Berater Kollegen, Konflikte mit anderen oder in der Gruppe/im Team selbst zu klären. Dazu führt der Mediative Berater Einzelgespräche, unterstützt die Kollegen bei der Einordnung des Konflikts, reflektiert mit ihnen eigene Anteile und erarbeitet mit ihnen mögliche Lösungswege, die sie eigenständig umsetzen (s. Kapitel 4.1 – Konfliktberatung).

2. Mediative Beratung als Vermittlung

Ziel ist, niedrigschwellige Konflikte zwischen einzelnen Personen in einem Klärungsgespräch zu regeln (s. Kapitel 5.1.8 – Klärungsgespräch).

3. Mediative Beratung als Verbindung von interner und externer Mediation in komplexen Prozessen
Ausgangspunkt: Viele Konflikte in Organisationen und Unternehmen können durch Konfliktberatung und Klärungsgespräche geregelt werden. Aber systemisch bedeutende Konflikte – also Konflikte um Grundsatzthemen, die viele Personen betreffen, schwerwiegende Konflikte, die die weitere Entwicklung behindern, Konflikte an Schnittstellen, deren Klärung für viele wichtig ist – müssen gründlicher und umfassender bearbeitet werden.

Im Konzept der mediativen Beratung als Verbindung von interner und externer Mediation hat jede Konfliktpartei einen Mediativen Berater zur Unterstützung an ihrer Seite. Der Mediative Berater ist parteilich für seine Mediänden im Sinne der gemeinsamen Lösungssuche. Die Verantwortung für den Prozess liegt beim Prozessmediator. Diese Funktion sollte ein erfahrener externer Mediator übernehmen.

7.1.3 Schritte

1. Schritt: Vorgespräche
Wenn bzgl. eines für die Organisation relevanten Themas wiederholt Konflikte auftreten (z. B. zwischen Produktions- und Projekt-Mitarbeiter) wenden sich die verantwortliche Führungskraft oder die Beteiligten selbst an die Koordinierungsstelle für Mediative Beratung. Jeder Beteiligte wählt aus dem Berater-Pool einen Mediativen Berater seines Vertrauens, und die Koordinierungsstelle bestimmt einen externen Prozessmediator. Das Mediatoren-Team verständigt sich über den Rahmen, die einzelnen Termine und die Gestaltung der Sitzungen und Gespräche.

2. Schritt Vorbereitung auf die Mediation
Die Mediativen Berater von A und B bereiten mit ihrer Partei die gemeinsame Mediationssitzung zur Darstellung der Sichtweisen und zur Erarbeitung der Agenda vor.

3. Schritt: Erste gemeinsame Sitzung
Die Beteiligten und ihre Mediativen Berater treffen sich mit dem Prozessmediator zu einer gemeinsamen Sitzung für die 2. Phase der Mediation.

Der Prozessmediator moderiert das Gespräch, die Beteiligten stellen ihre Sichtweisen dar und werden dabei von den Mediativen Beratern unterstützt. Danach arbeitet der Prozessmediator mit den Beteiligten die Punkte heraus, die im Laufe des Verfahrens geklärt werden sollen. Aus diesen Klärungspunkten wird die Agenda erstellt.

4. Schritt: Einzelarbeit der Parteien

Die Beteiligten bearbeiten nun mit ihren jeweiligen Meditativen Beratern die Punkte der Agenda. Sie denken über ihre Interessen und die Interessen ihres Gegenübers nach und erarbeiten Varianten zur Lösung des Konflikts.

Mögliche Ausweitung bei grundlegenden Themen:

Die Themen, die noch andere Personen und Prozesse betreffen – die also systemisch relevant sind – werden mit den zuständigen Führungskräften geklärt:

- Welche Punkte können von den Beteiligten im weiteren Mediationsprozess selber geklärt werden?
- Welche Punkte betreffen eine größere Zahl von Personen? Inwiefern werden diese in den Prozess einbezogen?
- Welche Punkte betreffen Rahmenbedingungen, die von der Leitung entschieden werden müssen?

Wenn Entscheidungen der Führung gefallen sind, werden sie in die Einzelarbeit der Parteien einbezogen.

5. Schritt: Zweite gemeinsame Sitzung

In der zweiten gemeinsamen Sitzung bittet der Prozessmediator die Beteiligten, ihre Ergebnisse vorzutragen. Dabei können die Mediativen Berater unterstützen. Gemeinsam wird eine Konsens-Dissens-Liste erstellt und weiter verhandelt.

6. Schritt: Abstimmung der Ergebnisse mit Team und Leitung

Die Beteiligten werten in Einzelarbeit mit ihrem Mediativen Berater die Ergebnisse der Sitzung aus und treffen eine Entscheidung. Wenn weitere Kollegen oder das Team ebenfalls von dem Thema betroffen sind, können sie diese Entscheidung mit diesen oder den zuständigen Führungskräften besprechen und abstimmen.

7. Schritt: Dritte gemeinsame Sitzung

Gemeinsam erarbeiten der Prozessmediator und die Beteiligten mit

Unterstützung ihrer Mediativen Berater eine Vereinbarung und verabreden einen Follow-up-Termin.

Beispiel

Ein Unternehmen der Automobilbranche hatte an einem seiner Standorte ein Mediationssystem mit Konfliktlotsen und einer Kommission aufgebaut. Nach kurzer Zeit stellte sich der Einsatz der Konfliktlotsen im Bereich der Lehrlingsbetreuung als besonders effektiv heraus.

Die Firma beobachtete seit längerer Zeit mit Sorge, dass etliche Lehrlinge soziale Fähigkeiten wie Konfliktfähigkeit, Kollegialität, Frustrationstoleranz usw. nicht selbstverständlich mitbrachten, sondern dass diese im Betrieb erlernt werden mussten. Die Konflikte zwischen Lehrlingen – verschärft durch die verschiedenen kulturellen Hintergründe – nahmen zu, ebenso zwischen Meistern und Lehrlingen. Zwei Lehrlinge hatten den Betrieb aufgrund von ungelösten Problemen im Affekt verlassen, was hohe Kosten für die Firma bedeutete. Die verstärkte Präsenz von Konfliktlotsen vor Ort, die schon bei kleineren Meinungsverschiedenheiten unterstützen konnten, entschärfte die Situation enorm, band die Lehrlinge stärker an die Firma und stärkte langfristig die Fähigkeiten der jungen Erwachsenen, Konflikte und Meinungsverschiedenheiten konstruktiv zu lösen.

7.1.4 Weitere Möglichkeiten der Anwendung

1. Cooperative Law/Practice

Das Prinzip der Mediativen Beratung wird auch in der anwaltlichen Mediation unter dem Begriff Cooperative Law (CL) oder Cooperative Practice (CP) eingesetzt. Die Konfliktparteien werden von mediativ geschulten Anwälten unterstützt. Dabei verhandeln die Anwälte mit oder ohne Mediator in Anwesenheit der Parteien. *(s. Lenz/Salzer/Schwarzinger 2010)*

2. Mediative Beratung in interkulturellen Konflikten

In interkulturellen Konflikten spielen neben dem direkten Konfliktgegenstand Sprache, Kultur und Migrationsgeschichte eine zentrale Rolle. Hier können mediativ geschulte Kulturdolmetscher die Konfliktparteien in der Mediation unterstützen. (s. *www.medius-gmbh.com/intro/projekte.html*)

3. Mediative Beratung in Einrichtungen der Behindertenhilfe
Die MEDIUS GmbH hat ein spezielles Konzept der Mediativen Beratung für Einrichtungen der Behindertenhilfe entwickelt. Das Besondere dieses Konzeptes besteht darin, dass es auf Mitarbeiterebene genauso angewandt wird wie auf der Ebene der Menschen mit Behinderung.

Mediative Berater unterstützen Kollegen und Menschen mit Behinderung bei der Klärung von Konflikten; Streitschlichter (in Mediation ausgebildete Menschen mit Behinderung) werden in ihren Peer-Gruppen als Streitschlichter tätig. Hier werden die Verfahren Konfliktberatung und Klärungsgespräche eingesetzt.

Zusätzlich wurde die Mediative Beratung als Vermittlung mit Assistenz als weitere Form der Vermittlung entwickelt.

7.2 Technik Nr. 11: Transferorientierte Teamentwicklung

Es ist keineswegs selbstverständlich, dass Teams oder Projekt- und Arbeitsgruppen zielorientiert und ohne Probleme zusammenarbeiten. Realistisch betrachtet ist das eher die Ausnahme als die Regel. Gute Zusammenarbeit ist immer eine hohe persönliche Leistung der Teammitglieder. Im Normalfall gilt: gute Kooperation auf Dauer ist nicht zum Null-Tarif zu haben.

Sensibilität für Abläufe und Beziehungen zu entwickeln, ist ein zentrales Thema für Führungskräfte in Gruppen und Teams. Diese Balance zwischen den Sachthemen und den Formen der Zusammenarbeit ist in einem ständigen Aushandlungsprozess immer wieder auszutarieren. Wie bei einem Mobile hat eine Veränderung auf der einen Seite erhebliche Wirkungen auf der anderen Seite.

Teams und Projektgruppen brauchen ein »Management von Unterschieden« und eine systematische Begleitung. Dadurch ist es möglich, Fehler zu vermeiden, auftretende Probleme früh zu erkennen, sofort zu bearbeiten und aus der Bewältigung von Problemen und Konflikten zu lernen.

7.2.1 »Upstream-Effects« und Achtsamkeit

Drei Aspekte bilden die Grundlage der Transferorientierten Teamentwicklung. Es sind Überlegungen zur Prävention, zur Gestaltung der Begleitung von Teams als sozialer Lernraum und ein achtsamer Umgang miteinander.

1. Da in der Kommunikation zwischen Menschen das Missverständnis der Normalfall ist, und eine gute Kommunikation immer erarbeitet werden muss, liegt der Gedanke nahe, schon im Vorfeld etwas dafür zu tun. Daher werden begleitete Teamentwicklungsprozesse in vielen Unternehmen initiiert. Sie werden vor allem zu Beginn der Gruppen- oder Teambildung eingesetzt. Damit wird gesichert, dass der Einstieg in eine gemeinsame Arbeit positiv gestaltet wird.
   Das ist gut für den Anfang, für ein länger zusammenarbeitendes Team aber zu wenig. Die am Anfang verabredeten Regeln und Umgangsformen müssen in bestimmten Abständen auf ihre Wirkung überprüft und weiter entwickelt werden.
2. Zusammenarbeit im Unternehmen ist ein Prozess, der sich durch innere Faktoren und äußere Einflüsse immer wieder verändert. Ein Prozess, in dem unterschiedliche Interessen oder Wahrnehmungen aufeinanderstoßen und Konflikte deutlich werden. In der Transferorientierten Teamentwicklung geht es darum, die – möglichst niedrigschwellige – Konfliktbearbeitung bewusst und transparent als sozialen Lernprozess zu gestalten. Dabei hat dieser Lernprozess drei Dimensionen: persönliches Verhalten, Umgang miteinander in der Gruppe und Entwicklung der Unternehmenskultur. Es geht darum, die Konfliktfähigkeit der Einzelpersonen zu stärken und die Konfliktfestigkeit der Gruppe weiter zu entwickeln.
   Baruch-Bush/Folger nennen es im transformativen Ansatz der Mediation die bewusste Gestaltung von »upstream-effects« zur Verbesserung des Arbeitsklimas. Dieses Herangehen wurde in dem sog. REDRESS-Programm bei der US-amerikanischen Post mit gutem Erfolg erprobt. *(Lipsky/Seeber/Fincher 2003: 291)*

7.2.2 Schritte

1. Schritt: Auftragsklärung

- Vorgespräche
- Interne Mediationsvereinbarung
- Mediationsvertrag

2. Schritt: Einzelgespräche

- Zur Vorbereitung:
  Anschreiben an alle Teammitglieder

»Am ... ist der Termin für die Klausurtagung Ihres Teams. Um diese Tagung gut vorzubereiten, möchte ich mit jedem Teammitglied im Vorfeld ein Einzelgespräch führen. Dabei würde ich gerne u. a. folgende Themen mit Ihnen besprechen:

- Was läuft – Ihrer Meinung nach – gut im Team? Worauf kann das Team als Ganzes stolz sein?
- Welche Störungen/Irritationen möchten Sie gerne ansprechen?
- Was sollte geklärt werden, damit Sie in einem guten und sicheren Rahmen arbeiten können?

- Einzelgespräche
  Zeitumfang ca. 1 Stunde, in einem Besprechungsraum, möglichst nicht am Arbeitsplatz

3) Strukturvorschlag für eine zweitägige Klausurtagung des Teams (mit Übernachtung)

1. Begrüßung
2. Eingangsstatement des übergeordneten Vorgesetzten
• Verständnisfragen des Teams – keine Diskussion Führungskraft verlässt die Klausur und kündigt ihre Rückkehr zum Abschluss der Tagung an
3. Eingangsrunde
• Name, Funktion, Betriebszugehörigkeit • 2 Fragen – Was ging Ihnen bei den Aussagen des Vorgesetzten durch den Kopf? – Was ist Ihnen in den letzten 2 Wochen gut gelungen?
4. Präsentation der Ergebnisse der Einzelgespräche durch den Mediator
• möglichst in einer Form, die während der Klausurtagung sichtbar bleibt
5. Einzelinterviews mit Gruppenfeedback
(1) Erläuterung des Verfahrens: Eingangsstatement: »Ich würde gerne mit jedem von Ihnen ein kurzes Interview führen, wie Sie diese Ergebnisse sehen, was Ihnen dabei besonders wichtig ist und wo Sie Klärungsbedarf sehen. Danach bitte ich die Person zuzuhören, und ich werde die Gruppe bitten, dieser Person in zwei Runden Feedback zu geben. a. Was macht Frau/Herr...besonders gut in der Arbeit? Worin liegt ihre/seine besondere Bedeutung für das Team? b. Was irritiert mich manchmal in der Zusammenarbeit mit Frau/Herrn...? Was würde ich mir wünschen, um mit ihr/ ihm noch besser zusammen arbeiten zu können? Alle erhalten Karten mit den drei Kategorien • Das war neu • Dazu muss ich unbedingt etwas sagen • Darüber könnte man verhandeln Ich bitte Sie, Ihre Gedanken auf den Karten zu notieren, wir werden später damit weiterarbeiten.« (2) Einzelinterviews mit Gruppenfeedback mit jedem Teammitglied
6. Erarbeitung der Agenda

(1) Der Mediator bittet die Teammitglieder, sich in 3er-Gruppen zusammen zu setzen und sich über ihre Notizen auf den Karten auszutauschen. Die Aufgabe ist es, sich zu den drei Kategorien • Das war neu – grüne Karten • Dazu muss ich unbedingt etwas sagen – rote Karten • Darüber könnte man verhandeln – gelbe Karten in der Gruppe auf jeweils drei Karten für jeden Aspekt zu einigen. (2) Die Karten werden im Plenum entsprechend der Kategorien an einer Pinnwand gesammelt. Der Mediator moderiert diese Rückmelderunde, lässt aber keine Diskussion der Inhalte zu. (3) Unabhängig von den Farben werden die Karten nach Klärungspunkten geclustert. (4) Die Themen werden priorisiert und damit die Agenda für das weitere Verfahren erstellt.
7. Lösungssuche in wechselnden Gruppen
(1) Zu jedem Agenda-Punkt wird ein Thementisch mit Flipchart-Papier und Stiften vorbereitet. Die Erarbeitung von Lösungsvarianten erfolgt in 3 Schritten: 1. Schritt: Brainstorming (30 Min) Das Team verteilt sich in Kleingruppen an die Thementische. Die Gruppe entwirft verschiedene Ideen zur Lösung des Problems. Dabei wird jede Idee – sei sie auch noch so unrealistisch oder abwegig – ohne Kommentar notiert, bis das Flipchart vollgeschrieben ist. 2. Schritt: Bewertung (30 Min) An jedem Tisch bleibt eine Person sitzen. Alle anderen wechseln an andere Tische in neue Gruppenkonstellationen. Die verbliebene Person erläutert die bisherigen Ergebnisse. Die Gruppe schreibt auf ein neues Blatt, wie sie die bisherigen Lösungsvorschläge bewertet, streicht einige und entwickelt neue. 3. Schritt: 3 Varianten (30 Minuten) Eine andere Person verbleibt am Tisch. Alle anderen wechseln wieder in neue Konstellationen. Die Aufgabe der neuen Gruppen ist es, aus den bisherigen Ergebnissen 3 realistische Varianten zu erarbeiten und diese auf ein neues Blatt zu schreiben. (2) Präsentation der Ergebnisse Die drei Blätter von jedem Thementisch werden an einer Pinnwand aufgehängt und nacheinander kurz von einem Mitglied der letzten Gruppe präsentiert und von anderen ergänzt. (3) Priorisierung In Kleingruppen (2–3 Personen) entscheiden die Teammitglieder, welche Varianten sie bei den Themen für sinnvoll halten. Dafür erhalten sie Klebepunkte: 3 Punkte = beste Variante, 2 Punkte = zweitbeste Variante, 1 Punkt = drittbeste Variante. Wenn die Übereinstimmung bei einem Thema hoch ist, kann der Lösungsvorschlag vorläufig angenommen und abgehakt werden. (4) Einigungsprozess Wenn es bei einem oder mehreren Themen keine einheitliche Position gibt, arbeitet das Team in mehreren Kleingruppen an einem Thema weiter. In jeder Kleingruppe soll ein Lösungsvorschlag ausgearbeitet werden. Diese Lösungsvorschläge werden dann der Gesamtgruppe präsentiert. Entweder findet die Gruppe direkt eine einvernehmliche Lösung oder es wird eine Arbeitsgruppe beauftragt, weiter an dem Thema zu arbeiten.
8. Präsentation der Ergebnisse vor Leitung

Kommentar
Die Einzelinterviews mit Gruppenfeedback sind eine sehr intensive und anstrengende Phase für das Team. Der Mediator sollte eine aktive Rolle einnehmen, um durch Spiegeln, Nachfragen, Zusammenfassen und Reframen die Balance zwischen Sach- und Beziehungsthemen, positivem und kritischem Feedback und persönlicher Nähe und professioneller Distanz im Team zu wahren.

Beispiel

Im Rechnungswesen einer öffentlichen Verwaltung gab es einen Konflikt zwischen der fachlich vorgesetzten Teamleitung und dem Team. Als die externe Mediatorin hinzugerufen wurde, sprachen die Parteien nicht mehr miteinander, die Kommunikation lief ausschließlich über E-Mail, es gab Beschwerden beider Seiten bei Personalabteilung und Niederlassungsleitung, die Zahl der Krankheitstage nahm zu, ebenso die Fehler in der Arbeit.

In den Vorgesprächen zeigte sich, dass in der Vergangenheit zwischen den Kontrahentinnen ein gutes Verhältnis bestand. Mit dem Weggang der vorherigen – sehr beliebten – Teamleitung vor drei Jahren gab es weitere Veränderungen: eine Stelle wurde gestrichen, die Stellvertretung der Teamleitung blieb ungeklärt und das Arbeits- und Aufgabenfeld im Rechnungswesen veränderte sich grundlegend. Dies wurde jedoch nie thematisiert.

Im Mediationsprozess wurden in den Einzelinterviews Verletzungen, Ärger und Vorwürfe in sehr emotionaler Form ausgedrückt. Es gab ein hohes Maß enttäuschter Erwartungen auf beiden Seiten. Diese Erwartungen waren jedoch nie besprochen worden und vor allem waren sie nie mit den veränderten Bedingungen abgeglichen worden. So war es in der Mediation nach der Klärung der persönlichen Beziehungen ein wichtiger Schritt, Erwartungen zu benennen, diese im Kontext der bestehenden Rahmenbedingungen zu prüfen und auszuhandeln, was möglich ist.

Dem Team und der Teamleitung wurde klar, dass das Versäumnis, die veränderten Bedingen und ihre Auswirkungen auf die Zusammenarbeit zu thematisieren – ein maßgeblicher Faktor für die dramatische Verschlechterung des Arbeitsklimas war.

Nach diesem Einstieg war der Weg frei, um über Strukturen, Aufgaben und Rollen zu reden und Vorschläge zu entwickeln. Außerdem wurden Vereinbarungen über den Umgang miteinander, regelmäßige Teambesprechungen und über Feedback-Regeln abgeschlossen.

7.3 Technik Nr. 12: Strukturierter Klärungsdialog – Vermitteln zwischen Hierarchieebenen

Konflikte in Organisationen sind zu einem großen Teil strukturelle Konflikte. Also Konflikte, die ihren Ursprung in unklaren Rollen, ungeklärten Schnittstellen und Formen der Unter- oder Überregulierung haben. Daraus entwickeln sich persönliche Differenzen, Streit und Konflikte zwischen Personen und Teams. In diese Konflikte sind fast immer auch Führungskräfte einbezogen, oft über mehrere Hierarchieebenen hinweg.

Um den Konflikt sinnvoll und nachhaltig zu bearbeiten, sollten auch die Führungskräfte in die Konfliktbearbeitung einbezogen werden. Damit entsteht für viele Führungskräfte ein Dilemma. Denn sie bewegen sich in zwei Rollen: Auf der einen Seite sind sie Konfliktbeteiligte. Sie wollen ihre persönlichen Interessen durchsetzen, ärgern sich über bestimmte Personen oder fühlen sich angegriffen. In dieser Rolle reagieren sie wie alle anderen Menschen in Konflikten. Auf der anderen Seite sind sie die verantwortlichen Führungskräfte, haben das Gesamtinteresse des Unternehmens im Blick und müssen bestimmte Ergebnisse in der Arbeit erreichen. Gleichzeitig haben sie grundsätzlich in ihrer Führungsrolle eine Fürsorgepflicht für ihre Mitarbeiter.

Mitarbeiter stehen im Konflikt und in der Konfliktbearbeitung ebenfalls vor einem Dilemma. Wie können sie ihre Meinung deutlich sagen, ohne unangenehme Folgen für ihren Arbeitsplatz oder ihr Fortkommen befürchten zu müssen?

7.3.1 Vertikale und Horizontale Mediation

Die Konfliktbearbeitung zwischen Hierarchieebenen muss dieses Dilemma im Blick haben. Es geht darum, die Konfliktparteien – seien es Führungskräfte oder Mitarbeiter – zu unterstützen. Sie sollen die konkrete Bearbeitung des Konfliktgegenstandes von den damit verbundenen Status-, Macht- oder Strukturfragen trennen. Je stärker die Parteien im Konflikt verhaftet sind, umso weniger ist es ihnen möglich, diese Ebenen zu differenzieren.

Es ist die Aufgabe des systemischen Wirtschaftsmediators, den Konfliktparteien ein Setting anzubieten, in dem sie Schritt für Schritt in die Lage versetzt werden, diese Ebenen wieder zu trennen. Es geht darum, die Beteiligten zu unterstützen, wieder in ihre professionelle Rolle zu kommen und durch die Gestaltung des Verfahrens zu sichern, dass bei der Klärung des konkreten Konfliktgegenstandes ihre Position oder Rolle nicht beschädigt wird.

Dies ist möglich durch einen klug gestalteten Prozess, in dem – je nach Thema und Dynamik des Konflikts – Klärungsprozesse auf der gleichen Hierarchieebene – also horizontal – mit Klärungsprozessen zwischen den Hierarchieebenen – also vertikal – verbunden werden. Auf der horizontalen Schiene entspricht das Vorgehen dem bisher ausführlich dargestellten Herangehen in der Mediation – seien es Einzelpersonen oder Gruppen. Auf der vertikalen Schiene muss das mediative Herangehen in den im Unternehmen üblichen Führungsstrukturen entwickelt werden.

Vertikale und horizontale Mediation im Unternehmen

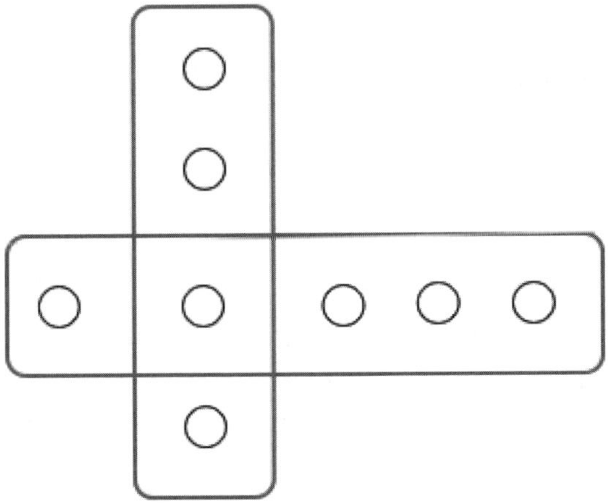

Abb. 7.1 Vertikale und horizontale Mediation

Durch diese Kombination aus Einzelgesprächen, Zusammenfassung und Präsentation der Aussagen durch den Mediator sowie Einzel- und Gruppenarbeit auf den verschiedenen Hierarchieebenen, wird das doppelte Ziel erreicht, den konkreten Konflikt zu klären und die Arbeits- und Funktionsfähigkeit der Organisation zu stärken. Der Eingangsfall »Unerwartete Wendung« ist ein Beispiel für die Anwendung der Technik Nr. 12 – Strukturierter Klärungsdialog.

7.3.2 Schritte

1. Schritt: Auftragsklärung/Rahmen

- Vorgespräche
- Wenn möglich: Gespräch mit übergeordneter Leitung
- Interne Mediationsvereinbarung (verantwortliche Führungskraft, übergeordnete Führungskraft, Personalführung, Betriebsrat)
- Mediationsvertag
  wichtig ist an diesem Punkt die Bestimmung der in den Klärungsprozess einbezogenen Hierarchieebenen

Ebene 1 Geschäftsführung	(2 Personen)
Ebene 2 Abteilungsleiter	(6 Personen)
Ebene 3 Gruppenleiter	(12 Personen)

Die Managementpyramide

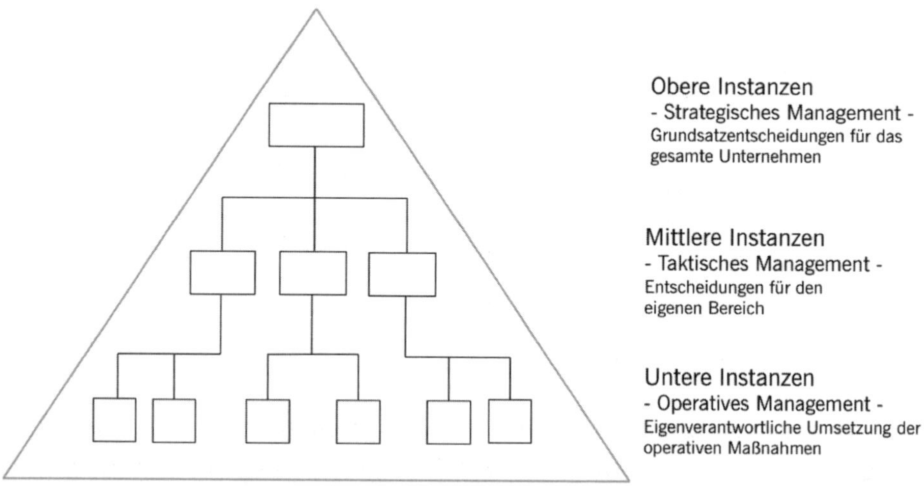

Abb. 7.2 Managementpyramide

2. Schritt: Klärung auf Ebene 1

- Einzelgespräche mit Geschäftsführer A und Geschäftsführer B
- Gemeinsames Klärungsgespräch
  - Verständigung über gemeinsame Ziele und Rahmen des Bearbeitungsprozesses
  - Klärung unterschiedlicher Sichtweisen evtl. in einem mediativen Prozess
  - Festlegung der ersten Agenda-Themen

3. Schritt: Klärung auf Ebene 1 und 2

- Einzelgespräche mit den 6 Abteilungsleitern
- Auswertung durch den Mediator
- Präsentation der Ergebnisse vor Ebene 1
  - Diskussion der Ergebnisse
  - Entscheidung über erste Maßnahmen
  - Erweiterung der Agenda

4. Schritt: Gemeinsames Meeting Ebene 1 und Ebene 2

- Präsentation der Ergebnisse der Einzelgespräche mit Ebene 2 durch den Mediator
- Vorstellung der oben erarbeiteten Stellungnahme und der ersten Entscheidungen durch Ebene 1
- Gemeinsame Diskussion
  - Besonders strittige Themen zwischen Einzelpersonen werden in getrennte Klärungsgespräche verlagert (direkt nach der Sitzung terminiert)
  - Erweiterung der Agenda als gemeinsame Agenda der Ebenen 1 und 2

5. Schritt Klärung auf Ebene 2 und 3

- Einzelgespräche mit den 12 Personen der Ebene 3
- Auswertung der Ergebnisse durch den Mediator
- Präsentation der Ergebnisse vor Ebene 2
  - Diskussion der Ergebnisse
  - Entscheidung über erste Maßnahmen
  - Festlegung der Agenda-Themen für das gemeinsame Meeting

6. Schritt: Gemeinsames Meeting Ebene 2 und Ebene 3

- Präsentation der Ergebnisse der Einzelgespräche Ebene 3 durch den Mediator
- Darstellung der Diskussion und der Entscheidungen durch Ebene 2
- Gemeinsame Diskussion
- Festlegung der Themenpunkte für die Agenda
- Angebot von Klärungsgesprächen in kleineren Gruppen

7. Schritt Meeting der Ebene 1 und 2

- Auswertung der Ergebnisse des gemeinsamen Meetings mit Ebene 2 und 3

- Entscheidung über Klärungsprozesse, Maßnahmen und die Einrichtung von Arbeitsgruppen zur Bearbeitung von Themen
- Erweiterung der Agenda

8. Schritt: Gemeinsames Meeting der Ebenen 1, 2 und 3
- Präsentation der Ergebnisse der Einzelspräche mit Ebene 3
- Stellungnahmen und Entscheidungen der Ebenen 1 und 2
- Gemeinsame Diskussion
- Vorstellung und Ergänzung der Agenda
- Präsentation des Vorschlags für Klärungsgespräche und Arbeitsgruppen

9. Schritt: Lösungsfindung für Probleme bei Abläufen und Beziehungen
- Durchführung der angeregten Klärungsgespräche
- Bearbeitung von Themen in den beschlossenen Arbeitsgruppen (bei schwierigen Themen ganz oder teilweise moderiert)
- Sammlung der Ergebnisse und Entscheidung bei den Regel-Sitzungen von Ebene 1 und 2

10. Schritt: Gemeinsames Meeting der Ebenen 1, 2, und 3
- Darstellung des gesamten Prozesses durch den Mediator
- Präsentation der Ergebnisse der Klärungsgespräche durch die Beteiligten
- Präsentation der Ergebnisse der Arbeitsgruppen
- Stellungnahme der Ebene 1 zu den Ergebnissen
- Gemeinsame Betrachtung der Agenda und Festlegung der Themen, die im Regelbetrieb bearbeitet werden
- Gemeinsame Reflexion des Bearbeitungsprozesses

Kapitel 8. Die Konsolidierungsphase der innerbetrieblichen Konfliktbearbeitung

Die Konfliktparteien haben eine große Leistung vollbracht, wenn es ihnen gelungen ist, ein gemeinsames Ergebnis zu erreichen. Die strittigen Themen sind geklärt, das Verständnis füreinander ist wieder gewachsen. Und die Störung in der Zusammenarbeit ist beseitigt.

In vielen Anwendungsfeldern der Mediation ist die Arbeit für den Mediator und die Parteien damit abgeschlossen. Aber das gilt nicht für die innerbetriebliche Wirtschaftsmediation. Bei einer Konfliktbearbeitung im Unternehmen ist die Arbeit noch nicht beendet. Denn wir bewegen uns in einem System mit vielen Bezügen und Vernetzungen.

Der nun von den direkten Konfliktparteien geklärte Konflikt hatte Wirkungen weit über die Betroffenen hinaus. Einige waren indirekt betroffen und mussten vielleicht Arbeiten übernehmen, die liegen geblieben waren oder in nicht ausreichender Qualität geleistet wurden. In Konfliktsituationen ist die Aufmerksamkeit der Kontrahenten auf die Auseinandersetzung mit dem Gegenüber gerichtet. Dabei übersehen die Kontrahenten häufig, welche Wirkungen der Streit für diejenigen hat, die ihnen zuarbeiten oder mit ihren Arbeitsergebnissen weiterarbeiten müssen. In Dienstleistungsorganisationen sind häufig auch Kunden einbezogen oder von den Auswirkungen tangiert. Weiter gibt es viele Personen in Unternehmen, die den Konflikt als »Zuschauer« zur Kenntnis genommen, aus der Ferne Stellung bezogen haben und am Ergebnis interessiert sind.

Überlegungen anhand des Beispielfalles Kundenbank

Im Fall »Kundenbank« war zunächst nur das Team in A-Dorf betroffen. Nur in A-Dorf hat eine Konfliktbearbeitung stattgefunden. Aber zuvor war die Leitungsebene involviert. Der Konflikt wurde in der Zentrale in den 3 Abteilungen diskutiert. Die Mitarbeiter in den Abteilungen unterstützten »ihren« Vertreter.

In der Service-Bank war die Betroffenheit groß, dass Frau Weber so unglücklich reagiert hatte. Manche sahen ihr Verhalten gegenüber Herrn Maxmann eher kritisch, manche bedauerten sie oder gaben Frau Seemann die Schuld. Die Privatkundenbank unterstützte Frau Edel, dass Herr Maxmann natürlich als Privatkunde anzusehen sei.

Bei der Geschäftskundenbank wurde Herr Ahaus von einigen unterstützt, aber von anderen wegen seines forschen Auftretens kritisiert. In den 11 anderen Filialen, die z. T. ähnliche Fälle hatten, wurde die Entwicklung in A-Dorf mit hoher Aufmerksamkeit verfolgt. Und in A-Dorf diskutierten einige Kunden über die Volksbank und solidarisierten sich mit Frau Weber.

Die Konsolidierungsphase ist daher ein unabdingbarer Teil der innerbetrieblichen Konfliktbearbeitung. Wenn der Konflikt geregelt und ein positives Ergebnis erreicht worden ist, muss es denen vermittelt werden, die im näheren und weiteren Umfeld von den Auswirkungen des Konflikts betroffen waren oder für die das Ergebnis der Konfliktbearbeitung Bedeutung hat. Es sind drei Ebenen, die dabei beachtet werden sollten:

1. Die Rückmeldung an die verantwortliche Führungskraft und an die beteiligten Konfliktanlaufstellen
2. Die Information und das Feedback an die durch den Konflikt tangierten Personen oder Stellen
3. Die Verabredung einer Follow-up-Sitzung mit dem Mediator

Konsolidierung in der innerbetrieblichen Konfliktbearbeitung

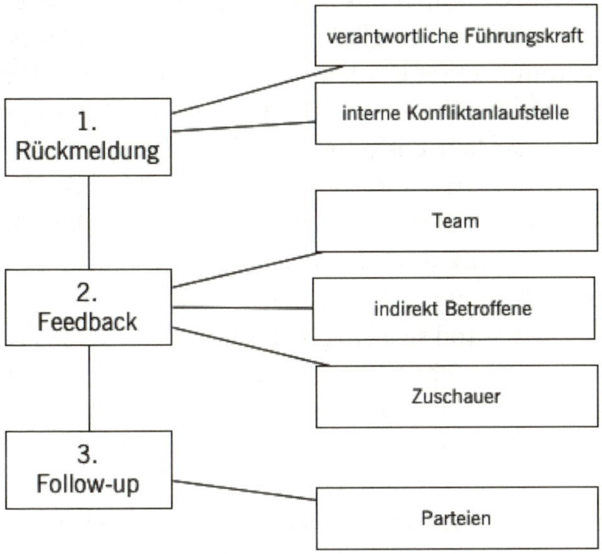

Abb. 8.1 Konsolidierungsphase

8.1 Die Rückmeldung

Zunächst sind die Auftraggeber an dem Ergebnis interessiert. Die verantwortliche Führungskraft möchte wissen, ob und wie die Störung im Arbeitsprozess beseitigt wurde.

Die Information über das Ergebnis war auch in der internen Mediationsvereinbarung verbredet worden. Dort war deutlich formuliert, dass das Verfahren vertraulich bleibt, aber das Ergebnis kommuniziert wird. Dabei gibt es unterschiedliche Formen.

- Bei eher personalen Konflikten hat es sich bewährt, dass die verantwortliche Führungskraft nach dem Abschluss der Mediation in die letzte Sitzung kommt und die Parteien erläutern ihr, was sie in der Mediation erreicht haben und was sich in ihrer Kooperation verändert hat.
- Bei eher materiellen oder eher strukturellen Konflikten präsentieren die Parteien und der Mediator das Ergebnis in der Sitzung des Managementteams.

Neben der Betrachtung des Ergebnisses geht es auch um die Frage, wer noch in welcher Form über das Ergebnis informiert werden muss. Als nächstes sollten die im Vorfeld beteiligten Konfliktanlaufstellen über das Ergebnis unterrichtet werden. Dies kann zumindest für die Personal- oder Rechtsabteilung die verantwortliche Führungskraft übernehmen. Wenn der Betriebsrat im Vorfeld einbezogen war, sollte auch hier informiert werden. Dabei sollten diese Konfliktanlaufstellen möglichst gemeinsam mit dem Mediator informiert werden. Denn im Gespräch mit den Konfliktanlaufstellen reicht es oft nicht aus, ihnen nur das Ergebnis mitzuteilen. Sie haben einen oder mehrere Kontrahenten im Vorfeld begleitet und sich eine Meinung gebildet. Den Prozess in der Mediation haben sie nicht mitbekommen. Es ist also durchaus möglich, dass sie mit Teilen des Ergebnisses nicht einverstanden sind. Denn sie überlegen, welche Auswirkungen dieses Ergebnis auf ähnlich gelagerte Fälle hat. Dabei kann es durchaus noch einmal neue Verhandlungen geben. So wollte z. B. eine Personalabteilung trotz des positiven Ergebnisses für eine Seite eine Abmahnung aussprechen. Das Argument war, dass sie Sanktionen nach klaren Regeln aussprechen und keine Ausnahme machen möchten. Auch von Seiten des Betriebsrates kann es kritische Argumente geben. Diese Klärungsgespräche sind wichtig, um eine Akzeptanz des erarbeiteten Ergebnisses zu erreichen.

Überlegungen anhand des Beispielfalles Kundenbank

Im Fall der Volksbank kam Frau Seemann zum Abschluss der Teamkonfliktmoderation in A-Dorf in das Team. Sie berichtete gemeinsam mit dem Mediator in der nächsten Vorstandssitzung. Die Betriebsrätin wurde in einem Gespräch in A-Dorf informiert. Herr Ebermann führte ein längeres Gespräch mit Frau Weber. In der Service-Bank war die Betroffenheit groß, dass Frau Weber so unglücklich reagiert hatte. Manche sahen ihr Verhalten gegenüber Herrn Maxmann eher kritisch, manche bedauerten sie oder gaben Frau Seemann die Schuld. Die Privatkundenbank unterstützte Frau Edel, dass Herr Maxmann natürlich als Privatkunde anzusehen sei.

8.2 Das Feedback in die Organisation

Mit der Führung wird dann verabredet, wie die anderen Mitarbeiter im Team oder in den benachbarten Abteilungen über das Ergebnis informiert werden.

Dabei ist es wichtig, eine – je nach den Ereignissen im Vorfeld oder der Bedeutung und Dynamik des Konflikts – angemessene Form der Information zu finden. In den meisten Fällen ist es ausreichend, wenn mitgeteilt wird, dass der Konflikt geklärt ist und welche Veränderungen es in der Zusammenarbeit gibt.

Aber es gibt auch Fälle, in denen sich Personen im Vorfeld für die eine oder andere Seite engagiert haben und das Ergebnis nicht verstehen. Auch hier kann es sinnvoll sein, weitere Klärungsgespräche zu führen. Dies ist besonders wichtig, wenn Kunden einbezogen werden.

Überlegungen anhand des Beispielfalles Kundenbank

In der Volksbank wurde das Ergebnis bei den Treffen der Abteilungen vorgestellt. Dabei stellte sich heraus, dass in einer anderen Filiale ein ähnlicher Konflikt besteht. Herr Ebermann führte in A-Dorf eine Reihe persönlicher Gespräche mit Kunden.

8.3 Das Follow-up-Gespräch

Nach einiger Zeit – 3 bis 6 Monate – führt der Mediator ein Follow-up-Gespräch mit den Medianden, manchmal auch mit dem Auftraggeber. Diese Gespräche sind schon beim Abschluss der Mediation vereinbart worden. In diesem Gespräch wird intensiv darüber gesprochen, wie die Ergebnisse der Mediation praktisch umgesetzt wurden und wie das Feedback in die Organisation vonstatten ging. In dieser Reflektion werden oft Dinge deutlich, die bisher nicht gesehen wurden oder es entstehen neue Ideen, um die Zusammenarbeit zu verbessern.

Ausblick

Das MEDIUS-Konzept, das die Autoren in 15 Jahren freiberuflicher Tätigkeit als Mediatoren, Lehrtrainer, Organisationsentwickler, Prozessberater, Coach und Supervisorin entwickelt haben, verbindet Mediation mit Elementen systemischer Organisationsentwicklung, Moderation und Coaching.

Die wesentlichen Instrumente sind aus der Praxis entwickelt, vielfach erprobt und mehrfach überarbeitet worden. Verstärkt wurde dieser Prozess durch eine enge Verbindung von Praxis und Lehre. Seit 2001 betreut Kurt Faller als Studienleiter das Weiterbildende Studium »Mediation und Konfliktmanagement in Wirtschaft und Arbeitswelt« an der Ruhr-Universität Bochum. In den bisher 12 Kursen dieser 2-jährigen Mediationsausbildung wurden bisher ca. 300 Führungskräfte, Personalverantwortliche, Betriebsräte, Fachkräfte und freiberufliche Berater zu Wirtschaftsmediatorinnen und Wirtschaftsmediatoren ausgebildet. Dabei setzt der größere Teil der Absolventen diese Erfahrungen in der innerbetrieblichen Konfliktbearbeitung in ihren Organisationen ein.

Schwerpunkt des Studiums war von vorneherein die innerbetriebliche Wirtschaftsmediation. Die von Kurs zu Kurs weiterentwickelten Studienunterlagen bildeten einen wesentlichen Fundus, aus dem dieses Buch entstand. In der Diskussion in den Studiengängen, vor allem aber in vielen praktischen Projekten in Unternehmen und Organisationen, zeigte sich, dass diese Modelle und Methoden nicht nur für den externen, sondern auch für den internen Mediator eine Hilfe sind.

Sie sind daher auch Grundlage für die Arbeit der Konfliktlotsen und internen Mediatoren im Rahmen von innerbetrieblichen Konfliktmanagementsystemen.

Innerbetriebliche Wirtschaftsmediation ist auf dem Weg, eine eigenständige Beratungsdisziplin zu werden. Für einige wird sie ein Beruf werden. Für viele Führungs- und Fachkräfte in Unternehmen und Organisationen wird sie ihre praktische Arbeit und ihren Umgang mit Problemen, Fehlern und Konflikten verändern.

Literaturverzeichnis

Altmann G./ Fiebiger H./ Müller R. (1991): Konfliktmanagement für moderne Unternehmen. Weinheim

Ballreich R./ Fröse/ Piber, H. Hrsg. (2007): Organisationsentwicklung und Konfliktmanagement. Bern

Ballreich, R./ Glasl, F. (2011): Konfliktmanagement und Mediation in Organisationen. Stuttgart

Beck, U. (1991): Politik in der Risikogesellschaft. München

Beck, U./ Lau, Ch. (2004): Entgrenzung und Entscheidung. Frankfurt

Besemer, Ch. (1993): Mediation – Vermittlung in Konflikten. Baden

Breidenbach, S. (1995): Mediation – Struktur, Chancen und Risiken von Vermittlung im Konflikt. Köln

Bush R./ Folger, J. (2005): Mediation – Vermittlung in Konflikten. Baden

Bush, R. (1994): The Promise of Mediation, Respoinding to Conflict Through Empowerment and Recognition. San Francisco

Constantino, C. A., Sickles Merchant C. (1996): Designing Conflict Management Systems. San Francisco

Doppler, K/ Lauterburg, Ch. (2005): Change Management. Frankfurt

Doppler, K./ Fuhrmann, H./ Lebbe-Waschke, B./ Voigt, B. (2002): Unternehmenswandel gegen Widerstände. Frankfurt

Dörflinger-Khashmann, N. (2010): Nachhaltige Gewinne aus der Mediation für Individuum und Organisation. Bern

Duss-von Werdt, J. (2005): Homo mediator. Geschichte und Menschenbild der Mediation. Stuttgart

Duve, C./ Eidenmüller, H ./ Hacke, A. (2011): Mediation in der Wirtschaft. Frankfurt

Faller, K./ Faller S. (2001): Kinder können Konflikte klären. Mediation und soziale Frühförderung im Kindergarten. Münster

Faller, K./ Kerntke, W. (2009): Konflikte selber lösen. Mühlheim

Faller, K./ Kneip, W. (2007): Konflikte selber lösen – Das Buddy Prinzip. Mühlheim

Faller, K. (2014): Konfliktfest durch Systemdesign. Stuttgart

Fisher, R./ Ury, W. (1981): Getting to Yes. New York

Fisher, R./ Ury, W./ Patton B. (2002): Das Harvard-Konzept. Frankfurt
Glasl, F. (2013): Konfliktmanagement. Stuttgart
Glasl, F. (2004): Selbsthilfe in Konflikten. Stuttgart
Glasl, F./ Weeks, D. (2008): Die Kernkompetenzen für Mediation und Konfliktmanagement. Stuttgart
Glasl, F., Kalcher, T., Piber H. (Hrsg.) (2008): Professionelle Prozessberatung. Stuttgart
Glasl, F., Lievegoed, B. (2011): Dynamische Unternehmensentwicklung. Bern
Gläßer U./ Kirchhoff, L./ Wendenburg F. (Hrsg.) (2011): Konfliktmanagement in der Wirtschaft – Ansätze, Modelle, Systeme. Baden-Baden
Hacke, A. (2001): Der ADR-Vertrag. Vertragsrecht und vertragliche Gestaltung der Mediation und anderer alternativer Konfliktlösungsverfahren. Heidelberg
Hinnen, H./ Kummenacher, P. (2012): Großgruppeninterventionen. Stuttgart
Hochreiter, G. (2006) Choreografien von Veränderungsprozessen. Heidelberg
Jung, R./ Müllert, N. (1994): Zukunftswerkstätten
Kerntke, W. (2009): Mediation als Organisationsentwicklung. Bern
König, E./ Volmer, G. (2005): Systemisch denken und handeln. Basel
Königswieser, R./ Hillebrand M. (2008): Einführung in die systemische Organisationsberatung. Heidelberg
KPMG AG Wirtschaftsprüfungsgesellschaft (2009): Konfliktkostenstudie.
Lakoff, G./ Johnson M. (2007): Leben in Metaphern. Heidelberg
Langmaack, B./ Braune-Kricken, M. (2000): Wie die Gruppe laufen lernt. Weinheim
Lenz, C./Salzer, M./Schwarzinger, F. (2010): Konflikt – Kooperation – Konsens. Über die Mediation hinaus: Das Modell der Cooperative Practice. Berlin
Lipsky, D.B./ Seeber, R.L. (1998): The appropiate resolution of corporate disputes, A report of the growing use of ADR by US-corporations. Ithaca
Lipsy, D./ Seeber, R.L./ Fincher R.D. (2003): Emerging Systems for Managing Workplace Conflict. San Francisco
Mediationsgesetz vom 21. Juli 2012 (BGBl. I S. 1577)
Montada, L./ Kals, F. (2001): Mediation, Lehrbuch für Psychologen und Juristen. Weinheim
Moore, C.W. (1986): The Mediation Process. Practical Strategies for Resolving Conflict. San Francisco

Patera, M./ Gamm, U. (2004): Wirtschaftsmediation. Wien
Ponschab, R./ Schweizer, A. (1997): Kooperation statt Konfrontation. Köln
Pörksen, B. (Hrsg.) (2011): Schlüsselwerke des Konstruktivismus. Wiesbaden
Price Waterhouse Coopers u. Europa Universität Viadrina (2005): Commercial Dispute Resolution. Konfliktbearbeitungsverfahren im Vergleich
Proksch, R. (1998): Kooperative Vermittlung (Mediation) in strittigen Familiensachen. Stuttgart
Rapp, S. (Hrsg.) (2012): Mediation Kompetent. Kommunikativ. Konkret. Ludwigsburg
Rieforth, J. (Hrsg.) (2006): Triadisches Verstehen in sozialen Systemen. Heidelberg
Ruegg-Stürm, J. (2003): Das neue St. Galler Management-Modell. Bern
Schein, E. H. (2003): Organisationskultur. Bergisch-Gladbach
Schein, E. H. (2003): Prozessberatung für die Organisation der Zukunft. Bergisch-Gladbach
Schoen, T. (2003): Konfliktmanagementsysteme für Wirtschaftsunternehmen. Centrale für Mediation. Köln
Schreyögg, A. (2002): Konfliktcoaching. Frankfurt
Schulz von Thun, F. (1981 – 1998): Miteinander reden. Band 1–3. Hamburg
Schumacher, Th. (Hrsg.) (2013): Professionalisierung als Passion. Heidelberg
Senge, P. M. (1996): Die fünfte Disziplin. Stuttgart
Steinbrecher, A. (2008): Systemdesign. Baden-Baden
Studienmaterialien weiterbildendes Studium Mediation und Konfliktmanagement in Wirtschaft und Arbeitswelt Ruhr-Universität. Bochum
Thomann, C. u.a. (2003–2007): Klärungshilfe. Band 1–3. Reinbeck
Trenczek, Berning, Lenz (Hrsg.) (2013): Mediation und Konfliktmanagement. Baden-Baden
Ury, W./ Brett J./ Goldberg S. (1991): Konfliktmanagement. Frankfurt
Vahs, D. (2007): Einführung in die Organisationstheorie und Praxis. Stuttgart
Watzke, E. (1997): Äquilibristischer Tanz zwischen den Welten. Neue Methoden professioneller Konfliktmediation. Godesberg
Watzlawick, P. (2010): Wie wirklich ist die Wirklichkeit? Wahn, Täuschung, Verstehen. München

Weiss, M. (2011): Management in Skizzen. Frankfurt
Wimmer, R. (2004): Organisation und Beratung. Heidelberg
Zwingmann, E. u. a. (1999): Management von Dissens. Frankfurt

Index